Klaus Schweinsberg

STRESSTEST 2020

Klaus Schweinsberg

STRESSTEST 2020

Welches Management funktioniert.
Und warum.

HERDER

FREIBURG · BASEL · WIEN

Originalausgabe
© Verlag Herder GmbH, Freiburg im Breisgau 2020
Alle Rechte vorbehalten
www.herder.de

Umschlaggestaltung: Ute Lübbeke, Köln
Satz: Barbara Herrmann, Freiburg
Herstellung: GGP Media GmbH, Pößneck

Printed in Germany

ISBN (Buch) 978-3-451-38831-6
ISBN (E-Book) 978-3-451-82188-2

Inhalt

Vorwort

„Es hat auf der Welt genauso viele Pestepidemien ge-
geben wie Kriege. Und doch treffen Pest und Krieg die
Menschen immer unvorbereitet." (Albert Camus)

Die Finanzkrise 2008/2009 hat uns gefordert. Die Corona-Pandemie 2020 überfordert uns. In nur wenigen Wochen ist über die Welt ein Grad von Ungewissheit hereingebrochen, den es seit dem Zweiten Weltkrieg nicht mehr
gab. Ungewissheit, mit der wir nicht (mehr) umgehen
können.

Über fast 70 Jahre wurden wir alle mit zwei Annahmen sozialisiert:

1) Im Regelfall lässt sich Unsicherheit durch gutes Management reduzieren, im besten Fall sogar in Planbarkeit verwandeln.
2) Im Ausnahmefall sind vom Management sogenannte
   „Worst case"-Szenarien bereitzuhalten, diese treten
   aber so extrem nie ein, meist kommt es besser, als
   man befürchtet.

Diese beiden Annahmen wurden auch durch vier – unter-
schiedlich heftige – Vorbeben nicht nachhaltig erschüttert:
die Terroranschläge vom 11. September (2001), die SARS-
Pandemie (2002/2003), die Weltfinanzkrise (2008/2009)
und die Nuklear-Katastrophe von Fukushima (2011).

Denn in keinem dieser Fälle trat ein „Worst case"-Szenario ein; mit massiven, aber klassischen Mitteln der „Krisenbewältigung" bekam man die Lage wieder in den Griff. Botschaft: Sicherheit ist – irgendwie – immer machbar.

Das Beben, das Corona auslöst, ist indes von Dimension und Dauer von ganz anderem Kaliber. Es hat uns in wenigen Wochen in den dichtest möglichen Nebel der Ungewissheit geführt. Oder wie es der Zukunftsforscher Matthias Horx in einem vielbeachteten Essay formulierte: „Es gibt historische Momente, in denen die Zukunft ihre Richtung ändert. Wir nennen sie Bifurkationen. Oder Tiefenkrisen. Diese Zeiten sind jetzt."

Der Nebel wird vielleicht etwas lichter werden, aber er wird bleiben. Und wir werden lernen müssen, uns darin zu bewegen.

Unser gesamtes gesellschaftliches, politisches und ökonomisches System erlebt einen Stresstest ohnegleichen. Für die Unternehmen wird die aktuelle Prüfung härter sein als alles, was wir seit dem Zweiten Weltkrieg erlebt haben. „Wir reden hier über Größenordnungen, die weit jenseits dessen liegen, was wir aus der Finanzkrise kennen", betont der renommierte Ökonom Clemens Fuest.

Das stellt Führungskräfte in Politik, Medizin, Wirtschaft und Militär vor gewaltige Herausforderungen. Die wichtigste Fähigkeit ist nun Ungewissheitskompetenz. In den Führungsetagen braucht es vielerorts ein komplettes Umdenken: Wer immer noch davon träumt, irgendwann wieder Sicherheit und Planbarkeit herstellen zu können, wird scheitern. Erfolgreich wird sein, wer sich im Nebel der Ungewissheit bewegen lernt. Es geht nicht mehr darum, „Krisen zu bewältigen", sondern „Krisen zu bestehen" und manchmal auch nur „Krisen zu *überstehen*."

Auf die zentrale Bedeutung von Ungewissheitskompetenz habe ich bereits 2014 in meinem Buch „Anständig führen" hingewiesen. Der vorliegende Band ist eine aktualisierte und deutliche erweiterte Auflage.

In Zeiten der Ungewissheit ist kaum mehr etwas planbar. Aber umso mehr ist gestaltbar. Das haben – bei aller Tragik – schon die ersten Wochen der Corona-Krise gezeigt. Wahrscheinlich hat COVID-19 der (digitalen) Transformation von Wirtschaft und Gesellschaft einen größeren Schub verliehen als alle Digitalprogramme der letzten 20 Jahre.

Nach dem erzwungenen Stillstand in 2020 wird sich eine neue Dynamik entfesseln. Zeiten des Umbruchs sind gute Zeiten für passionierte Unternehmer und kraftvolle Führungspersönlichkeiten. Aber nur für jene, die mit Ungewissheit kompetent umgehen können. Und umgehen wollen.

Corona – eine Krankheit als Symptom

„Die kranken Zustände sind übrigens dem wahren (dauernd-ewigen) näher, wie die sogenannten gesunden". (Friedrich Hebbel)

Politik und Medien sind sich seltsam einig: Das Corona-Virus infiziert und tötet nicht nur Menschen, sondern auch die Wirtschaft. Was dabei gerne übersehen wird: Viele Unternehmen, für die COVID-19 tödlich ist oder – ohne massive staatliche Beatmung – tödlich gewesen wäre, litten an Vorerkrankungen. Das Virus bedroht vor allem Leib und Leben jener Firmen, die nicht gesund sind.

In der Corona-Krise kombinieren sich mindestens vier Gebresten zu einer neuen, kaum beherrschbaren Krankheit: Gesundheitskrise, Strukturkrise, Konjunkturkrise und Sinnkrise – befeuert durch eine Ölpreiskrise. „Der Film, der vor unser aller Augen abläuft, besteht aus zwei Handlungssträngen. Vordergründig bestimmt die Corona-Krise das Geschehen. Im Hintergrund aber laufen die Prozesse einer globalen Transformation", kommentiert der ehemalige Handelsblatt-Chefredakteur Gabor Steingart.

Die Konjunktur war schon vorher schwach. Und Branchen wie beispielsweise die Automobil-Industrie, Einzelhandel, Hotellerie, Luftfahrt oder Stahl kämpften mit einem heftigen Strukturwandel. Ex nihilo kam 2019 zudem eine breite Debatte über den „purpose" von Unternehmen auf. Ein Vorstandschef nach dem anderen beeilte

11

sich, medienwirksam ein „mea culpa maxima" zu into-
nieren und zu beschwören, dass sein Unternehmen künftig an einem höheren Zweck, am „purpose", aus- und
aufgerichtet werde. Als Hohepriester des „purpose" in-
thronisierte sich dann ausgerechnet Larry Fink. Zuvor
war der Chef des weltgrößten Vermögensverwalters
Blackrock eher dafür bekannt gewesen, sich für höhere
Rendite denn für höhere Zwecke zu passionieren.

Auf eine sinn-kriselnde, eine an lahmender Konjunktur und erlahmten Strukturen leidende Wirtschaft setzte
sich dann der Corona-Virus. Und offenbarte gnadenlos
die Schwächen im Immunsystem vieler Unternehmen:
fragile mentale Verfassung, höchst anfällige globale Lieferketten, hinfällige IT-Infrastruktur, zu wenig Cash Flow, zu
viel Fremdkapital, zu hohe Verwaltungskosten, zu geringe
Aufmerksamkeit für das Risikomanagement usw.

CORONA: continuous reluctance of noting alerts

Corona ist mithin nicht die Krankheit, sondern eher das
Symptom eines sehr viel tiefer liegenden Leidens. „Dies
läßt sich offenbar nur so erklären, daß jedes Zeitalter
sich seine Krankheiten macht, die ebenso zu seiner Phy-
siognomie gehören wie alles andere, was es hervorbringt:
sie sind gerade so gut seine spezifischen Erzeugnisse wie
seine Kunst, seine Strategie, seine Religion, seine Physik,
seine Wirtschaft, seine Erotik und sämtliche übrigen Le-
bensäußerungen, sie sind gewissermaßen seine Erfindun-
gen und Entdeckungen auf dem Gebiete des Pathologi-
schen." Dies schreibt der große europäische Denker
Egon Friedell in seiner „Kulturgeschichte der Menschheit." Im Jahr 1927 – nicht über Corona, sondern über

die Pest als „Geburtsstunde der Neuzeit". Und weiter: „Der ‚neue Geist' erzeugte in der europäischen Menschheit eine Art Entwicklungskrankheit, eine allgemeine Psychose, und eine der Formen dieser Erkrankung, und zwar die hervorstechendste, war die schwarze Pest. Woher aber dieser neue Geist kam, warum er gerade jetzt, hier, wie er entstand: das weiß niemand; das wird vom Weltgeist nicht verraten."

Hier soll nicht der – weitgehend untaugliche – Versuch unternommen werden, die Corona-Pandemie mit der schwarzen Pest zu vergleichen. Spannend ist die Frage, ob es auch bei uns diesen „neuen Geist", diese „Entwicklungskrankheit" gibt, die sich – sozusagen auf Gedeih und Verderb – Bahn brechen wollen. Und wenn ja, ob sich diese „Entwicklungskrankheit" schon vor Corona manifestiert hat.

Ich meine ja.

Die Terroranschläge vom 11. September 2001 zeigten sehr deutlich die Vulnerabilität eines formal grenzenlosen Globus und markierten das Ende hürden- und reibungsloser globaler Mobilität. Sie beendeten auch die Phase selbstverständlicher Sicherheit und Unversehrtheit für die westliche Welt. SARS im Jahre 2003 kündigte an, mit welcher Rasanz, Wucht und Reichweite Pandemien das Leben in einer globalisierten Welt paralysieren können. Die Finanzkrise 2008/2009 desavouierte die moralische und handwerkliche Dysfunktionalität der Finanzmärkte. Und das Unglück im japanischen Fukushima und dessen Ausläufer erschütterten den bequemen Irrglauben, dass Energie so einfach und für den Planeten folgenlos aus der Steckdose kommt.

Parallel und teilweise verknüpft entfaltete sich zudem in den letzten 20 Jahren die digitale Revolution, die nach und nach bis dato ertragreiche Geschäftsmodelle auf die Probe stellte: erst das klassische Zeitungs- und Zeitschriftengeschäft, die Musikindustrie, den stationären Handel, dann die Hotellerie, die Automobilindustrie usw.

Die Warnsignale, dass es so dauerhaft nicht weitergehen kann und wird, leuchteten in schrillstem Rot. Gesehen wurden sie von den wenigsten. Insbesondere in den obersten Führungsetagen der Wirtschaft gibt es eine erstaunliche Halsstarrigkeit, die akute Gefährdung oder gar das Ende des eigenen Geschäftsmodells frühzeitig anzuerkennen.

Etwas zynisch könnte man sagen, dass die Wirtschaft und deren Top-Entscheider eigentlich schon seit der Jahrtausendwende an einem Syndrom namens CORONA leiden: **co**ntinuous **r**eluctance **of n**oting **a**lerts.

Alarmsignale werden ausgeblendet

Ein guter Indikator für die intellektuelle Verweigerungshaltung vieler Top-Manager ist die Münchner Sicherheitskonferenz. Sie versammelt seit über 50 Jahren jeweils rund um die Faschingstage in München das Who's who der internationalen Außen- und Sicherheitspolitik. Hier werden heute die Themen diskutiert, die morgen auch für Wirtschaftsführer höchst relevant sind. Bis etwa 2010 verirrten sich allenfalls Rüstungsproduzenten dorthin. Und dem rührigen Vorsitzenden, Botschafter Wolfgang Ischinger, gelang es trotz aller Anstrengungen nicht, namhafte Vorstandschefs und Familienunternehmer zu überzeugen, dass die dort besprochenen Themen auch für die Wirtschaft enorm wichtig sind. Stattdessen erhielt er reihenweise hochnäsige Absagebriefe auf edlem Vorstandsbütten mit dem Tenor: „Wir sind nicht im Verteidigungsgeschäft tätig und haben deswegen kein Interesse."

Erst als Cyberangriffe merkliche Schäden in den Unternehmen anrichteten, machten sich einige Wirtschaftsführer nach München auf. Und wollten sich ex post kundig machen, was man denn hätte dagegen tun müssen. Für in der Zukunft liegende Risiken sind die (fast ausschließlich) Herren in den Chefetagen nach wie vor wenig zugänglich. Ich erinnere mich an den Vortrag von Bill Gates vor etwa 30 Top-Managern im Jahr 2017. Er warnte damals eindringlich vor genau dem, was jetzt eingetreten ist: eine weltweite Pandemie. Und deklinierte die (dramatischen) Folgen, (gigantischen) Kosten und (eilig) notwendigen Präventionsmaßnahmen haarklein durch. Die Ausführungen des Microsoft-Gründers wurden allenfalls mit „freundlichem Desinteresse", um die Formulierung eines ehemaligen Bundespräsidenten zu verwenden, bedacht. Ein paar jener CEO, die sich gern als hartgesottene Führer inszenieren, tuschelten im Anschluss an die Runde sichtlich amüsiert, dass der Auftritt und das Thema des Milliardärs doch etwas „schrullig" und „abseitig" gewesen sei.

Auch bei der Münchner Sicherheitskonferenz Mitte Februar 2020 gab es deutliche Warnungen betreffend einer bevorstehenden Pandemie. Der Generaldirektor der Weltgesundheitsorganisation WHO, Tedros Adhanom Ghebreyesus, ging in seiner Rede explizit darauf ein: „disease and insecurity are old friends." Und weiter: „epidemics have the potential to cause severe political, economic and social instability and insecurity. Health is therefore not just the health sector's business. It's everbody's business." Er drang damit bei den Top-Entscheidern nicht durch, obschon es in Deutschland bereits erste Corona-Fälle gab.

Einige der Wirtschaftsführer, die sich 2017 über die Rede von Bill Gates amüsierten und die Warnungen des WHO-Generaldirektors 2020 ignorierten, kämpfen übrigens gerade um das Überleben ihrer Firmen. Von der in München zur Schau getragenen Souveränität ist nicht mehr viel übrig.

Die durch Corona entstandene, aber – wie gesagt – nicht durch Corona *verursachte* „Jahrhundertkrise" hält den Eliten in der Wirtschaft den Spiegel vor. Und man ist geneigt, aus Nikolai Gogols Lustspiel „Der Revisor" zu zitieren: „Schilt nicht den Spiegel, wenn deine Fratze schief ist." Vieles deutet darauf hin, dass es in den Führungsetagen ein „Haltungsproblem" gibt, das am Ende mit ursächlich ist für die Krise, wie wir sie erleben. Die meisten Manager unterliegen nach wie vor dem Irrglauben, dass Sicherheit der Normalzustand und Unsicherheit die Abweichung ist. Und sie wurden sozialisiert, dass im Normalfall mit gutem Management Unsicherheit in Sicherheit, im besten Fall sogar in Planbarkeit transformiert werden kann. Bezeichnend ist in diesem Zusammenhang eine Äußerung von Siemens-Chef Joe Kaeser – noch bevor der Höhepunkt der Corona-Pandemie überhaupt erreicht wurde. Er kündigte auf einer Pressekonferenz an, dass er nach der Krise „eine Fete für alle 387.000 Siemens-Mitarbeiter auf der ganzen Welt" geben wolle. Verharmlosend schob er dann noch hinterher: „Und vielleicht trinken wir alle gemeinsam dann ein Corona-Bier."

Die Vorstellung, dass es dieses Ende nicht gibt, man die Sache nicht gänzlich in den Griff bekommt und die Infektionszahlen immer wieder in bestimmten Weltregionen nach oben schnellen – dass es also einen dauerhaften Zustand der Ungewissheit geben könnte, ist Siemens-Chef

16

Kaeser und vielen Führungskräften fremd, ja wird sogar rundweg abgelehnt.

Krisen sind zu bewältigen. Diese Haltung führt dazu, dass viele Unternehmer denkbar schlecht auf „ungewisse Zeiten" vorbereitet sind, es dort im Management an „Ungewissheitskompetenz" fehlt.

Ungewissheitskompetenz als Erfolgsfaktor

„Mögen hätt ich schon wollen, aber dürfen habe ich mich nicht getraut. " (Karl Valentin)

Wir leben in Zeiten der Ungewissheit: unberechenbar, unkalkulierbar, irrational. Wie sich das anfühlt, weiß jeder spätestens seit der Corona-Krise.

Für das neue Phänomen Ungewissheit hat sich kein feststehender Begriff eingebürgert. Ungewissheit, Unkenntnis, Unsicherheiten, Risiken werden häufig synonym verwendet, um künftige Ereignisse zu beschreiben, über die nur unvollständiges oder überhaupt kein Wissen besteht. Die Einzigartigkeit oder die seltenen Erfahrungen erlauben es nicht, wie wir es über Jahrzehnte gewohnt waren, Eintrittswahrscheinlichkeiten zu berechnen, historische Datenreihen als Beleg für bestimmte Entwicklungen heranzuziehen. Risiko bezieht sich auf Situationen, in denen man aus der Verteilung vergangener Ereignisse einigermaßen zuverlässige Hinweise auf zukünftige Ereignisse erhält. Unsicherheit oder besser Ungewissheit herrscht indes in Lagen, in denen die Vergangenheit keine verlässlichen Hinweise auf die Eintrittswahrscheinlichkeiten von künftigen Ereignissen liefert.

Eine Anleihe aus der Biologie, die Nassim Taleb, ein Zufallsforscher und ehemaliger Derivate-Händler an der Wallstreet, gemacht hat, trifft das Wesen solcher ungewissen Erscheinungen anschaulich: schwarze Schwäne. Die gibt es seit ewigen Zeiten, aber niemand konnte sich ihre Existenz vorstellen, bis sie im 18. Jahrhundert entdeckt wurden. Corona ist wohl der schwärzeste aller schwarzen Schwäne, die wir bis anhin gesehen haben.

Zum Standardvokabular in der Welt der Ungewissheit gehört inzwischen auch eine Begriffsschöpfung des früheren US-amerikanischen Verteidigungsministers Donald Rumsfeld: „unknown unknowns" – unbekannte Unbekannte – „die Dinge, von den denen wir nicht wissen, dass wir sie nicht wissen". Rumsfeld bezog sich auf die Terrorattacken auf New York und Washington im September 2001.

Der langjährige Finanzchef der Investmentbank Goldman Sachs, David Viniar, sprach im Zusammenhang mit den gigantischen Verlusten, die beim Absturz der Finanzmärkte nach der Lehman-Pleite die (Finanz)Welt ins Trudeln brachten, von sogenannten 25-Sigma-Ereignissen. In dieser Denke, die in den Finanzmodellen der Banker zur Anwendung kommt, sind bestimmte Ereignisse so unwahrscheinlich, dass sie kaum einmal seit dem Urknall zu erwarten sind. Folgte man also dieser Logik, so wären die Finanzmärkte allein in den letzten 20 Jahren gleich vier Mal in Folge von solchen 25-Sigma-Ereignissen erschüttert worden: das Platzen der New Economy-Blase 2000, der Schock nach dem 11. September 2001, die Weltfinanzkrise 2008/2009 und nun die durch das COVID-19-Virus ausgelöste Krise.

Peinlich für die Banker: „Viniar glaubte offenbar lieber daran, dass die Finanzwelt gerade Zeuge der außergewöhnlichsten Periode seit dem Urknall geworden war, als seine Risikomodelle in Frage zu stellen. Dabei hatten viele Banken einen peinlichen Anfängerfehler gemacht: Sie hatten Risiko und Unsicherheit verwechselt", kommentierte süffisant die Neue Zürcher Zeitung.

Wie bedeutsam es ist, die beiden Begriffe auseinander-
zuhalten, betonen der ehemalige britische Zentralbank-
Chef Mervyn King und der renommierte Ökonom John
Kay in einem Anfang 2020 erschienenen Buch. Sie sprechen von einer „radikalen Ungewissheit", die sich der
Welt bemächtigt hat. Und warnen davor, mit angeblichen
Berechenbarkeiten und Genauigkeiten falsche Gewisshei-
ten vorzutäuschen. Interessanterweise verweisen die beiden Wirtschaftswissenschaftler am Ende ihrer Ausführungen ausgerechnet auf einen Militärwissenschaftler des
ausgehenden 18. Jahrhunderts: den preußischen General-
major Carl von Clausewitz: „Clausewitz had learnt the
importance of radical uncertainty on the battlefield, and
argued forcefully that good judgement was the distinguis-
hing mark of a successful general."

Das Buch mit dem Titel „Radical uncertainty – Decision-making for an unknowable future" wurde kurz vor
Ausbruch der Corona-Pandemie veröffentlicht. Als Warnruf kam es zu spät, als Vademecum gerade rechtzeitig.

Ungewissheit – Eingeständnis oder Grundverständnis?

Wo Ungewissheit nahezu allgegenwärtig ist, betritt Führung Neuland. Wie gehen Führungspersönlichkeiten am
besten mit dem Unbekannten um? Was bedeutet unter
dieser Bedingung richtiges Handeln? „Kann es uns gelingen, die Tatsache der Ungewissheit nicht länger als spätes
Eingeständnis zu betrachten, sondern sie von vornherein
folgenmindernd zu kalkulieren?", fragte richtigerweise
die Volkswagen-Stiftung schon m Herbst 2013 bei einer
Veranstaltung unter der Überschrift „Ungewissheit – Eingeständnis oder Kalkül?". Klar ist: Unsicherheitskom-

petenz ist eine Schlüsselressource, um künftig Handlungs-
und Innovationsfähigkeit zu sichern.

Unangenehme Überraschungen gehören zur modernen
(Wirtschafts)Welt. Welche, wann, wo und wie sie auftreten, bleiben Unbekannte. Es gibt ein nicht eingrenzbares,
gleichsam unendliches Spektrum von Zufälligkeiten möglicher Ereignisse.

Die Wirtschaft ist ein Chamäleon. Die Vorlage für dieses plastische Sprachbild stammt von Carl von Clausewitz. Mit ihm versinnbildlichte der Kriegstheoretiker und
Schöpfer des Bildes vom „Nebel der Ungewissheit" seine
grundlegende Erkenntnis über das Wesen militärischer
Auseinandersetzungen.

Der Krieg, in den man hineingeht, so folgerte der
Großstratege aus dem Studium und persönlicher Erfahrung, habe sehr wenig zu tun mit dem Krieg, aus dem
man wieder herauskommt. Die Kampfmoral der Truppe
schwankt mit dem Kriegsglück. Wetter und der politische
Rückhalt in der Heimat beeinflussen das Geschehen auf
dem Schlachtfeld ebenso wie Allianzen, die sich quasi
über Nacht formieren oder zerbrechen, kleinste Erfindun-
gen können die Waffentechnik entscheidend verbessern.
Selbst größte Akribie bei der Planung kann die Wirkung
solcher „Friktionen", wie es von Clausewitz ausdrückte,
auf das Kriegsgeschehen nicht kalkulieren.

Wie bei militärischen Auseinandersetzungen das Be-
ständige das Unbeständige ist, die Friktionen ihnen etwas
Chamäleonhaftes verleihen, wechselt die Ökonomie überraschend und unvorhersehbar ihr Erscheinungsbild.

Wir Ökonomen machten das Prinzip rationaler Kalku-
lation zur Grundlage der Interpretation wirtschaftlicher
Sachverhalte. So weckten wir die Erwartung, Gewisshei-
ten zu liefern, objektive Gesetze für die Gestaltung

menschlicher Lebensbedingungen – ganz wie es die Naturwissenschaften praktizieren.

Ungewissheiten und Risiken waren lästige Störfaktoren, aber ihre Überwindung durch Erkenntnisgewinn eine Frage der Zeit, nicht ein Ding der Unmöglichkeit. In diesem Sinne fokussiert auch die Management-Lehre nach herrschendem Verständnis Planung, Steuerung und Kontrolle. Die Vorstellung von Berechenbarkeit stellt „das Rückgrat moderner ökonomischer Theorien dar", resümiert der Soziologe Jens Beckert vom Max-Planck-Institut für Gesellschaftsforschung in Köln.

Zu diesem Zweck halten die Vertreter des ökonometrisch orientierten Mainstreams eine Modellwelt vor: Sie besteht aus perfekten Märkten und vollständig informierten, den persönlichen Nutzen, Gewinn maximierenden Akteuren, die alle Entscheidungen eindeutig und zweckrational kalkulieren können. An dieser die ökonomische Realität versimplifizierenden Konstruktion haben alle Verfeinerungen und Verästelungen nichts verbessert.

Das krachende Scheitern der Berechenbarkeitsfetischisten unter den Ökonomen ist inzwischen manifest, nun gewinnen wieder andere Denkrichtungen Aufmerksamkeit und Anerkennung. Ihnen gemeinsam ist die neue Wahrnehmung und Berücksichtigung von Ungewissheit. Beispielsweise beim Thema komplexe technische Systeme. Unfälle und Katastrophen erscheinen nicht mehr als Sonderfall, sondern als Normalität. Dieser Paradigmenwechsel führte etwa bei der Kernkrafttechnologie zu einer Höherstufung ihrer Gefährlichkeit.

Auch auf der gesamtgesellschaftlichen Ebene ist Ungewissheit wie einst bei Karl Marx in den Fokus wissenschaftlicher Beschäftigung gerückt. „Die Rückkehr der Unsicherheit in die Gesellschaft", diagnostiziert der Soziologe Ulrich Beck. Dem öffentlichen Bewusstsein weit voraus hat er schon vor einem Vierteljahrhundert das Schlagwort „Risikogesellschaft" geprägt. Unter den Begriff subsumiert Beck „naturwissenschaftliche Schadstoffverteilungen" wie „soziale Gefährdungslagen".

Gemäß seiner Analyse hat der rapide Modernisierungsprozess einen Strukturbruch zur Folge, der die Grundlagen der Moderne in Frage stelle: ihre „Basisselbstverständlichkeiten". Dazu zählt Beck unter anderem die Überzeugung endlos wachsender Naturbeherrschung und der sozialen Differenzierung, die damit verknüpften Konzepte des technischen und gesellschaftlichen Fortschritts sowie die Nationalstaatsfixierung. Diese Veränderungen in Wissenschaft, Politik, Ökonomie und Gesellschaft brächten den Übergang von der einfachen zur reflexiven Modernisierung, von der ersten zur zweiten Moderne. Dieser Prozess findet Ausdruck darin, dass es in praktisch allen Bereichen der Gesellschaft nicht länger selbstverständliche Strukturen, eindeutige Lösungen und klare Differenzierungen gibt, sondern immer auch Gegenmodelle, gleichwertige Alternativen und unbeabsichtigte Nebenfolgen.

Die Corona-Krise macht nun erstmals für wirklich jedermann erlebbar, was es heißt, wenn „Basisselbstverständlichkeiten", wie Ulrich Beck sie nennt, über einen längeren Zeitraum in Frage gestellt sind. Und das macht auch den Unterschied zu früheren Krisen aus. So betont die Multi-Aufsichtsrätin (Deutsche Börse, Vonovia, Vontobel) und ehemalige McKinsey-Partnerin Clara Streit, dass die sogenannte Corona-Krise sich dadurch auszeichnet, dass sie erstmals wirklich alle persönlich betrifft und in der Dynamik alles Bisherige übertrifft.

Es liegt auf der Hand, dass die Dimension solcher Fragestellungen die Möglichkeiten des traditionellen Managements übersteigt. Die Mittel und Instrumente klassischen Managements dienen dazu, Ungewissheit in Gewissheit zu transformieren, in einem überschaubaren, stabilen Umfeld die Renditeträchtigkeit von Investitionen zu kalkulieren. Insofern handelt es sich um Risiken begrenzter Reichweite, um prinzipiell bekannte, quantifizierbare und daher weitgehend vorhersehbare Risiken. Risiken müssen sozusagen budgetfähig gemacht werden.

Bei Lichte besehen war es aber auch schon in der Vergangenheit ein Trugschluss, dass alle Risiken buchhalterisch sauber im Budget abgebildet werden können. Nehmen wir nur das Beispiel ThyssenKrupp. Hier wird deutlich, was passiert, wenn sich ein „Restrisiko" materialisiert: Infolge des schlecht kalkulierten Neubaus zweier Stahlwerke in Brasilien und den USA steht der Ruhrkonzern am Rande des Ruins. Und muss nun mit Milliardenhilfen des Staates gestützt werden.

Das neue Risikoprofil unserer Zeit macht einen anderen Umgang mit Unsicherheiten ratsam. Ungewissheit sollte nicht mehr als Hindernis und Bedrohung, sondern als Grundtatsache wahrgenommen und berücksichtigt werden.

Macht zum Handeln vs. Ohnmacht zum Verändern

„An den Scheidewegen des Lebens stehen
keine Wegweiser." (Charlie Chaplin)

Egal ob in Politik, Militär, Kirche oder Wirtschaft – in un-
übersichtlichen Zeiten, in den Dekaden des Umbruchs,
waren es stets die gleichen Führungstugenden, die den Erfolg brachten. Und es waren bestimmte andere Muster,
die in den Untergang führten. Jene, die brav das Tradierte
fortschrieben, mit dem Handwerk von gestern die Aufgaben von heute bewerkstelligen wollten, gingen gnadenlos unter – egal ob Kriegsherr, Kirchenfürst oder Kauf-
mann.

Kühne Siege errangen in Zeiten der Ungewissheit hingegen diejenigen, die ihr Sichtfeld weiteten, in der Veränderung ihre Chance erkannten und beherzt in Führung
gingen. Der Althistoriker Christian Meier hat dafür ein
schönes Bild gezeichnet: „Dann hätten also Macht zum
Handeln und Ohnmacht zum Verändern nebeneinander
gestanden, Macht in den Verhältnissen und Ohnmacht
über die Verhältnisse. Jedenfalls bot die Sicherheit über
das Herkömmliche so viel Halt wie dessen Versagen zu
besonderer Bewährung herausforderte. Es gab mächtige
Notwendigkeiten, kräftige Erwartungen, ungeahnte
Möglichkeiten."

Dieses Bild illustriert aus meiner Sicht – so schlicht wie
prägnant – den viel und zuweilen ausladend diskutierten

Unterschied zwischen Management und Führung (oder wie die Angelsachsen sagen: Leadership): Für den Manager geht es um Macht *in* den Verhältnissen, für den Führer um Macht *über* die Verhältnisse. Für den Manager geht es um die Macht zu handeln, für den Führer um die Macht zu verändern.

Was ist Führung?

Die Definitionen von Management und Führung sind Legion, und ich erspare es uns, diese hier wiederzugeben und gegeneinander abzugrenzen. Denn dieses Buch soll der Führungskraft pragmatische Hilfe für den Alltag geben und erhebt keinen akademischen Anspruch.

Grundsätzlich folgt das Buch dem renommierten Harvard-Management-Professor John P. Kotter, der den Unterschied zwischen Management und Führung an drei Kriterien festmacht:

- Management setzt den Fokus auf Planung und Budgetierung; Führung formuliert eine Richtung, eine Vision („Setting a Direction Versus Planning und Budgeting").
- Management beschäftigt sich mit Organisation und Personalauswahl; Führung versammelt Menschen hinter einer Idee („Aligning People Versus Organizing and Staffing").
- Management kümmert sich um Controlling und Problemlösung; Führung kümmert sich um Motivation („Motivating People Versus Controlling and Problem Solving").

Militärisch präzise und konzise brachte es der ehemalige deutsche NATO-Vier-Sterne-General Helge Hansen – in einer Rede vor jungen Offizieren und Vorständen im Hamburger Anglo-German Club – auf den Punkt: „Management ohne Führung ist richtungslos. Führung ohne Management bleibt wirkungslos." Im Klartext: Es braucht beides. Aber je dichter der Nebel der Ungewissheit wird, desto höher muss die Dosis Führung sein.

Lassen Sie mich für einen Moment in der Welt des Militärs verharren, wohl wissend, dass es in Deutschland bei den meisten Führungskräften – nach wie vor – erhebliche Berührungsängste in Sachen „militärische Führung" gibt. Ich erlebe häufig in meinen Vorträgen, dass die Zuhörer regelrecht schockiert sind, wenn ich mit dem Zitat eines berühmten Generals oder dem Bericht über eine entscheidende Schlacht eine bestimmte Führungssituation umschreibe. Auch herrscht hierzulande immer noch die – völlig verfehlte Sicht – vor, dass beim Kommiss ja eh nur stumpf nach Befehl und Gehorsam geführt werde. Wer das glaubt, dem kann ich nur empfehlen, sich mal eine Stunde Zeit zu nehmen und sich erklären zu lassen, welchen – im Vergleich zur Wirtschaft – unvergleichlich hohen Aufwand die Bundeswehr treibt, junge Menschen zur Führung zu befähigen. Und wie umsichtig und professionell eine Armee führen muss, die Menschen in Einsätze schickt, hinter denen die Ungewissheit für Leib und Leben steckt.

VUCA 4.0 – eine Welt von „radikaler Ungewissheit"

> *„Ja, mach nur einen Plan! Sei nur ein großes Licht!*
> *Und mach dann noch ‚nen zweiten Plan.*
> *Gehn tun sie beide nicht."* (Bertolt Brecht)

Der deutsche Kriegstheoretiker Carl von Clausewitz prägte Anfang des 19. Jahrhunderts den Begriff vom „Nebel der Ungewissheit". Aus seiner Sicht müssen militärische Führer befähigt sein, Entscheidungen unter Zeitdruck mit unvollständigen Informationen zu treffen. Rund 150 Jahre später begannen am United States Army War College in Carlisle, Pennsylvania, einige Strategen damit, diese Grundidee in eine Welt heraufziehender asymmetrischer, transnationaler und nicht-staatlicher Konflikte zu übersetzen. Sie beschrieben dieses Szenario mit vier Attributen: volatile, uncertain, complex and ambiguous. Das entsprechende Akronym lautet: VUCA.

Es dauerte nicht lange, bis die VUCA-Formel auch auf die Wirtschaftswelt angewendet wurde. Denn die Parallelen zwischen den Herausforderungen für militärische Führer im Übergang von symmetrischen zu asymmetrischen Konflikten und den Herausforderungen für Manager durch die asymmetrischen Bedrohungen durch das Internet und die Digitalisierung waren offenkundig.

Um die Jahrtausendwende war dann spürbar, dass sowohl die globale Sicherheitsarchitektur wie auch die Architektur der globalen Märkte heftigen Erschütterungen ausgesetzt sind. Der Boom der „New Economy" Ende der 90er Jahre, der Absturz im Jahr 2000 und die dann folgende Finanzkrise änderten das Spielfeld für die Wirtschaft. Der islamistische Terroranschlag auf die USA am 11. September 2001 änderte das Spielfeld für Außen- und Sicherheitspolitik.

Der 11. September 2001 und seine Auswirkungen

Noch 1992 prophezeite der amerikanische Politikwissenschaftler Francis Fukuyama das „Ende der Geschichte", da sich weltweit überall der Liberalismus in Form von Demokratie und Marktwirtschaft durchsetzen werde. Der 11. September 2001 brachte dieses Gedankenkonstrukt zum Einsturz. Die Geschichte hatte sich mit Macht zurück in den Alltag der Menschheit gebombt. Volatilität, Ungewissheit, Komplexität und Ambiguität gehören, wie in der VU-CA-Formel beschrieben, seither zur Tagesordnung.

In den Finanzmärkten sehen wir seit Beginn des neuen Jahrtausends eine enorme Volatilität, nochmals deutlich verstärkt durch die Finanzkrise 2008/2009. Und zwar nicht nur – wie seit jeher – in den Aktienmärkten, sondern auch in den Rentenmärkten. Auch die Rohstoffpreise spielen immer wieder verrückt. Und in den Turbulenzen des Jahres 2020 zeigte sogar Gold, das als klassischer „Krisengewinnler" in unsicheren Phasen eigentlich immer an Wert zulegt, eine bisher nicht gekannte Volatilität.

Auch Ungewissheit gab es – schon vor Corona – reichlich in der Welt. Das Verhalten von politischen und wirtschaftlichen Akteuren und die Entwicklung von Märkten waren in vielen Fällen kaum mehr prognostizierbar: US-Präsident Donald Trump ist sozusagen die Fleisch gewordene Ungewissheit. Und er hat mit seinem unberechenbaren und erratischen Führungsstil, wenn man sein Verhalten überhaupt als Führung bezeichnen kann, selbst jene Sphäre zerstört, wo noch ein gewisses Maß an Sicherheit und Berechenbarkeit obwaltete: die internationale Handelsordnung. Mit dem notorischen Androhen und teilweise Implementieren von massiven Zöllen und Handelshemmnissen verunmöglicht Trump fast jede Strategie für die betroffenen Unternehmen und zwingt sie, nur noch rein taktisch zu agieren. Mehr als ein paar Monate lassen sich nicht mehr übersehen. Weitere Ungewissheitsproduzenten sind die zunehmend in Partikularinteressen zerfallende EU, das irgendwie in die Freiheit taumelnde Großbritannien, ein mehr und mehr abtrünniger NATO-Partner Türkei, ein wieder zur Großmacht strebender Vladimir Putin und eine Gemeinschaftswährung Euro, die zusammenhalten soll, was nicht zusammenhalten kann.

Der einzige internationale Spieler, der langfristig ziemlich berechenbar ist, ist indes die Volksrepublik China. Gewiss, das Reich der Mitte kann für Europa und die USA bedrohlich werden. Aber daraus macht es keinen Hehl. Als wohl einzige Volkswirtschaft der Welt hat China detailliert aufgeschrieben, was es in welchen Zeiträumen strategisch erreichen will.

Zur Volatilität und Ungewissheit kommt in der VUCA-Welt als dritte Komponente eine hohe Komplexität hinzu. Ganz offensichtlich gibt es diese häufig auf der politischen Entscheidungsebene, insbesondere in Europa, aber teils auch in den Mitgliedsstaaten der EU. Ein zuverlässiger Komplexitätslieferant ist auch die Bürokratie. Die Bundesregierung und Regierungen der Länder wie auch das Europäische Parlament sind tüchtige Produzenten von neuen Gesetzen und Verordnungen. Sogenannte „sunset laws", also Gesetze und Verordnungen, die nach einer bestimmten Zeit auslaufen, wenn sie nicht explizit verlängert werden, gibt es so gut wie nicht. Was zu einem ständigen Anstieg der Regulierungsdichte und -komplexität führt.

Aber auch die Wirtschaft selbst produziert Komplexität. Und zwar nicht, weil sie unfähig ist, sondern gerade weil sie besonders performant ist. Tüchtige Ingenieure haben Systeme geschaffen, die technisch enorm anspruchsvoll und damit komplex sind. Autos sind – nicht erst seit Tesla – rollende Elektroniksysteme. Mit großartigen Funktionen, aber eben auch entsprechenden Anfälligkeiten. Entsprechend steigt in der EU die Zahl der Produktrückrufe im Automobilbereich seit Jahren erheblich. Große Infrastruktur- und Bauprojekte verheddern sich hierzulande regelmäßig im Dickicht von anspruchsvollen Leistungsanforderungen der Auftraggeber, anspruchsvollen Genehmigungsprozessen der Verwaltung und einspruchsfreudigen Mitbürgern. Die prominentesten Beispiele sind sattsam bekannt: Flughafen Berlin und Stuttgart 21. An ihrer Komplexität ersticken aber inzwischen auch (fast alle) militärischen Rüstungsprojekte: Airbus 400M, Fregatte 125, Seefernaufklärer P-3C Orion, Helikopter NH90, Kampfhubschrauber „Tiger" und Transporthelikopter CH53 – diese Waffensysteme sind inzwischen wohl Codewörter für das Phänomen „Komplexität frisst ihre Erschaffer".

Die vierte Zutat des VUCA-Gemischs ist eine gehörige Portion an Ambiguität bzw. Uneindeutigkeit. Viele zentrale Phänomene der Gegenwart können nicht mehr eindeutig verortet werden. Sind Niedrig- oder gar Null-Zinsen nun gut oder schlecht? Das hängt sehr von der Perspektive ab. Für den klassischen Anleger sind sie verheerend. Für Immobilieninvestoren oder Unternehmen (und Staaten), die sich über viel Fremdkapital finanzieren, bieten sie wunderbare Möglichkeiten. Ist Google gut oder schlecht? Auch das hängt davon ab, welche Position im Markt man innehat. Viele kleine Händler und Produzenten leben von dieser Plattform. Für andere, wie Medienhäuser oder klassische Handelshäuser, ist Google der ärgste Feind, weil er deren Geschäftsmodelle untergräbt.

Die digitale Transformation und das Jahr 2020

Volatile, uncertain, complex, ambiguous – selbst diese Formel ist zu unterkomplex, um das Führungsumfeld zu umschreiben, in dem Politik und Wirtschaft heute zu operieren haben. Denn inzwischen haben wir es mit einer zweiten VUCA-Dimension zu tun, die die bereits vorhandene Volatilität, Ungewissheit, Komplexität und Ambiguität nochmals potenziert. Die Rede ist von vier weiteren VUCA-Faktoren, nämlich Virtualität, Unbegrenztheit, Cyber und artifizielle Intelligenz.

Aus VUCA wird sozusagen VUCA 4.0.

Grafik 1 Die **VUCA 4.0**-Welt: Ungewissheit in Potenz

	Volatility	Uncertainty	Complexity	Ambiguity
Virtuality				
Unboundedness		**VUCA 4.0**		
Cyber				
Artificiality				

Der wichtigste Nährboden für das Entstehen dieser VU-
CA-4.0-Welt ist die Digitalisierung. Zunächst im Silicon
Valley in den USA, hernach in Israel und in China, sodann
mit einiger Verzögerung in Europa entfesselte sich in den
letzten 20 Jahren eine digitale Transformation, die letztlich alle Lebensbereiche erfasst. Dieser Prozess nahm in
den vergangenen Jahren mächtig Fahrt auf. Und man
kann sich des Eindrucks nicht erwehren, dass die digitale
Transformation in gewisser Weise auf ein Jahr wie 2020
hinstrebte – ein Disruptionsjahr, wo kaum ein Stein auf
dem anderen bleibt. Die durch Corona ausgelöste Jahrhundertkrise hat mindestens zwei Effekte: Erstens, werden überkommene, schon geschwächte Institutionen,
Strukturen und Geschäftsmodelle dahingerafft. Zweitens,
werden digitale Lösungen um ein x-faches schneller umgesetzt. Egal ob in Politik, Bildungswesen oder Wirtschaft – binnen weniger Wochen wurden dort digitale Anwendungen programmiert und implementiert, über die
zuvor Jahre lang diskutiert wurde. 2020 ist nicht nur ein
Jahr maximaler Krise, sondern auch ein Jahr maximaler
Transformation. In 2020 sind wir – unfreiwillig – voll in
der VUCA-4.0-Welt angekommen.

Im Vordergrund stehen 2020 natürlich Faktoren wie Big Data und Artifizielle Intelligenz. Schon nach wenigen Tagen ist wohl jedem klar, dass die Form der Datenerhebung, wie sie ein Robert-Koch-Institut betreibt, nämlich Fallzahlen teils per Fax zu erhalten und dann zeitverzögert (bis zu mehreren Tagen!) auszuwerten, wohl eher den technischen Möglichkeiten seines Gründungsjahrs 1891 entspricht als dem Jahr 2020. Längst gibt es leistungsfähige Systeme, die selbst größte und komplexe Datenmengen in Echtzeit dokumentieren und analysieren können. So mandatieren viele Regierungen in der Corona-Krise rasch das erst 2005 gegründete Softwareunternehmen Palantir aus Palo Alto, das als weltweit führend gilt bei der Integration komplexer Daten.

Andere Vektoren der VUCA-4.0-Welt rücken ein wenig in den Hintergrund: So zum Beispiel das Thema Virtualität. „Virtual Reality", kurz VR, ist meines Erachtens eine in ihren Folgen bisher weitgehend unterschätzte Technologie. Entsprechende VR-Geräte sind bereits auf dem Markt und werden angewendet. Die moderne experimentelle Psychologie zeigt, dass menschliches Verhalten sehr stark von externen Faktoren beeinflusst werden kann, derer sich der Akteur eventuell gar nicht bewusst ist. Das birgt erhebliche Chancen, aber auch Potenzial für Verhaltensmanipulation. „Da geht es um durchaus Sinnvolles. Zum Beispiel wird es viele klinische Anwendungen geben, etwa in der Psychotherapie, oder völlig neue Lernumgebungen. Man kann sich Höhenangst abtrainieren, Magersüchtige können ihren Körper neu erleben, es gibt Versuche, gelähmte Menschen einen Avatar über Gehirn-Computer-Schnittstellen steuern zu lassen.

Die VR-Technik kann dazu benutzt werden, Empathie zu schaffen – oder sie zu zerstören. Diese Methode ist ein machtvolles Mittel der psychologischen Manipulation", warnt der Wissenschaftstheoretiker und Philosoph Thomas Metzinger.

Cyber-Technik und Artifizielle Intelligenz

Sogenannte Cyborg-Technik wiederum ermöglicht wiederum die Kreation von Wesen, die aus organischen und nicht-organischen Teilen bestehen. Auch dies ist keine Zukunftsmusik. Letztlich sind bereits moderne Hörgeräte „Cyborg-Technik" und werden deshalb auch als „bionische Ohren" bezeichnet. Weitere Beispiele sind Retina-Implantate, also Netzhautprothesen für blinde Menschen, die über einen ins Auge eingesetzten Mikrochip wieder Sehkraft erlangen. Für kommerzielle und/oder militärische Zwecke wird aktuell auch Cyborg-Technik in Kombination mit Tieren angewandt. „Die militärische Forschungseinrichtung DARPA (die auch das Internet erfand) entwickelt Cyborgs aus Insekten. Ihr Ziel ist es, Fliegen oder Kakerlaken mit Chips, Detektoren und Prozessoren auszustatten, mit deren Hilfe sie per Computer oder per Hand feingesteuert werden und Daten sammeln und übermitteln können. Solche bionischen Insekten wären ausgezeichnete Spitzel und Kundschafter", erklärt Yuval Noah Harari in seinem Bestseller „Eine kurze Geschichte der Menschheit".

Der sicherlich fundamentalste Veränderungsprozess ist die Entwicklung von nicht-organischem Leben bzw. Artifizieller Intelligenz (AI). Hier geht es am Ende um die Herstellung von genuin künstlichen Wesen. Harari warnt in diesem Zusammenhang: „Viele Programmierer träumen davon, ein lernendes Programm zu schreiben, das sich ohne Einfluss von außen weiterentwickelt. Ein solches Programm verdankt seine Geburt zwar einem Menschen, doch es könnte sich in Richtungen entwickeln, die kein Mensch je vorhergesehen hätte." In gewissem Umfang existieren diese sich selbst fortentwickelnden Programme bereits – in Form von Computerviren. Gewiss, heute scheint es uns ganz und gar unwahrscheinlich, dass allein ein Computervirus die Welt lahmlegen könnte. Bis vor kurzem waren wir aber auch der Überzeugung, dass ein klassischer Krankheitsvirus dazu nicht wirklich in der Lage sei.

Unendlichkeit und Grenzenlosigkeit

Die Ambitionen der Forscher gehen aber natürlich inzwischen weit über das Niveau von Computerviren hinaus. So versucht das 2005 ins Leben gerufene Blue Brain Project, ein vollständiges Gehirn in einem Computer nachzubilden. Während über Jahrzehnte die AI-Forschung eher als Phantasterei belächelt wurde, gibt es seit Anfang 2000 – ausgelöst durch einige kleinere Durchbrüche (AI besiegt hochkarätige menschliche Experten in anspruchsvollen Spielen wie Schach, Jeopardy, Freecell oder Go) – einen regelrechten Hype, der ultraintelligente Maschinen und Systeme für die nähere Zukunft erwartet.

Parallel ist weltweit ein Wettlauf entbrannt, welche Wirtschaftsmacht die größten Kapazitäten beim Quantum-Computing, also um ein x-Faches leistungsfähigere Rechner als gegenwärtige Serverparks, vorhalten wird. Hier gilt: „The sky is the limit". Was „unboundedness", also Unendlichkeit, in der VUCA-4.0-Welt bedeutet, wird beim Thema Datenmengen besonders deutlich. Eine Studie von IBM illustriert, dass sich das Wissen – und damit auch die Datenmengen – bis zum 19. Jahrhundert etwa alle 100 Jahre verdoppelten; um 1945 passierte das etwa alle 25 Jahre. Inzwischen verdoppelt sich die weltweite Datenmenge alle zwei bis drei Jahre. Und man erwartet dass das Volumen bis 2025 um den Faktor 8 auf rund 175 Zettabytes (das ist die Zahl 175 mit 21 Nullen) wächst.

Das Machbare überholt das Denkbare

Schon heute stellen sich in dieser VUCA-4.0-Welt ganz konkrete diffizile Führungsfragen. Das beginnt mit einfachen Themen wie dem Einsatz von Sprachsoftware. Wie halten wir es da mit der Authentizität? In Call-Centern werden heute schon Sprachprogramme in einer Qualität eingesetzt, die kaum erkennen lassen, ob man es mit einem humanen Lebewesen oder einem Produkt künstlicher Intelligenz zu tun hat. Muss ich meinen Kunden informieren, wen er in der Leitung hat? Oder ist es nur wichtig, dass er einen guten Call-Center-Service bekommt?

Wie halte ich es mit der Achtsamkeit gegenüber Kunden und Mitarbeitern? Big Data und AI legen es nahe, von meinen Kunden möglichst viele Daten einzusammeln, selbst jene, die ich eigentlich für den Geschäftsvorgang nicht brauche. Will ich das? Moderne Software erlaubt mir auch, mehr über meine Mitarbeiter zu erfahren. So hat die US-Investmentbank JP Morgan Programme und Algorithmen zum Einsatz gebracht, die Daten unterschiedlichster Art sammelten, kombinierten und analysierten. Ziel war es, etwaige Verhaltensverstöße der

Mitarbeiter zu identifizieren. Die Firma Sapience Analytics verspricht Führungskräften ein umfassendes Monitoring der „work patterns" ihrer Mitarbeiter, indem deren Nutzung von Computern, Laptops, Tablets und mobilen Endgeräten ausgewertet wird.

Heute überholt das Machbare häufig das (bisher) Denkbare. Und das Verantwortbare bleibt da leicht auf der Strecke. Die VUCA-4.0-Welt beschert uns ungeahnte Möglichkeiten – aber halt auch bisher in diesem Ausmaß nicht gekannte Ungewissheiten.

Die Corona-Krise ist ein Vorgeschmack, wie anspruchsvoll Führung in einer VUCA-4.0-Welt ist. In ihr manifestieren sich schon einige der VUCA-Wirkmächte sehr deutlich: Die Volatilität der Finanzmärkte ist offenkundig. Der Einsatz von Augmented und Virtual Reality ist über Nacht zum Normalfall geworden. Fast jeder Hochschullehrer in Deutschland weiß nun, wie er einen virtuellen Hintergrund am Computer einrichtet. Und rasch wurde klar, dass die Anbieter von virtuellen Conferencing-Tools eifrig Daten sammeln und wir bei manchen Lösungen als Ausrichter einer Video-Konferenz auch überwachen können, wie aufmerksam unsere Zuhörer sind. Corona lehrt uns, dass gewisse Phänomene im Zeitalter der Globalisierung „unbound", also grenzenlos, sind und die Entwicklung ungewiss ist. Der Shutdown und Lockdown vieler Industriestaaten offenbarte die Komplexität unserer Systeme, namentlich der internationalen Lieferketten. Und der Anstieg von Cyber-Attacken während der Corona-Krise unterstrich die Vulnerabilität dieser komplexen Systeme. Die zügige und effektive Eindämmung der Pandemie kann nur über Artifizielle Intelligenz und Big Data funktionieren. China hat es vorgemacht – und umgehend Gesichtserkennung, virtuelle Messungen und Tracking angeordnet.

Europa setzt auf eine größere Freiwilligkeit und will möglichst ohne Zwang die Menschen dazu bringen, ihre Gesundheits- und Bewegungsdaten zu liefern. Die Ambiguität eines Corona-Trackings ist den meisten Bürgern klar: Es hilft kurzfristig wahrscheinlich, die Pandemie einzudämmen, wird aber mittel- bis langfristig zu einem anderen Umgang mit höchstpersönlichen Daten führen. Und angesichts der Ohnmacht gegenüber COVID-19 sind offenbar viele bereit, diesen Preis zu zahlen.

Um es deutlich zu sagen: Corona ist trotzdem nicht die VUCA-4.0-Welt in ihrer vollen Blüte. Meines Erachtens ist dies erst der Anfang. Der Nebel der Ungewissheit wird nicht weichen. Oder wie es Mervyn King und John Kay in ihrem oben erwähnten Buch Anfang 2020 formulierten: Wir alle, vor allem aber Führungskräfte, müssen uns auf ein Zeitalter „radikaler Ungewissheit" einstellen. Wir müssen künftig schneller Entscheidungen treffen – von größerer Tragweite, mit geringerer Informationsdichte, in einem noch dynamischeren, zunehmend digitalen Umfeld.

Führungstheorien – ein kurzer Überblick

> *„Wenn die Tatsachen nicht mit der Theorie*
> *übereinstimmen – um so schlimmer*
> *für die Tatsachen.“* (Herbert Marcuse)

Richtung geben, Gefolgschaft erzeugen, für Veränderung begeistern – das ist der Kern von Führungskunst in ungewissen Zeiten. So oder so ähnlich steht es in vielen Leadership-Lehrbüchern.

Wahrscheinlich ist schon fast jeder Leser dieses Buches in den Genuss eines oder mehrerer Führungsmeetings, Leadership-Foren oder Management-Konferenzen gekommen. Und mit einiger Sicherheit wurden Sie dort auch mit den Gassenhauern der Leadership-Trainer bespielt, wie: „Management is efficiency in climbing the ladder of success; leadership determines whether the ladder is leaning against the right wall.“ Auch gerne genommen: „Managers do things right. Leaders do the right things.“ Oder: „Managers work with things and numbers. Leaders work with people and visions.“

In Mode waren in den letzten Jahren auch Leadership-Konzepte, die allein aufgrund ihrer schier unaussprechlichen Bezeichnungen eine erhebliche Herausforderung an die Mitarbeiter stellen, aber gerade deswegen besonders bedeutungsschwanger klingen; zum Beispiel „transformationale Führung“ und „transaktionale Führung“.

Konzepte wie transaktionale und transformationale Führung sind jüngere Wegmarken auf einer historischen Abfolge von verschiedensten Leadership-Theorien, die bis ins 19. Jahrhundert zurückreichen. Interessanterweise feiert eine der ältesten Ansätze, die sogenannte „Great man"-Theorie gerade wieder fröhliche Urständ. Dazu im Einzelnen später mehr.

Es war der schottische Philosoph Thomas Carlyle, der in einer Serie von Vorträgen über Heroismus im Jahre 1840 die Idee populär machte, wonach es vor allem die „great men" bzw. „starke Männer" sind, die den Lauf der Geschichte bestimmen: „The History of the World (…) was the Biography of Great Men". Aus seiner Sicht sind bei jeder großen Führungspersönlichkeit diejenigen Wesenszüge und Instinkte, die es braucht, um aufzusteigen und zu führen, bereits angeboren.

Der Glauben an den Heroen als Weltenlenker und -gestalter war letztlich auch die Grundlage für eine Führungstheorie, die in der Zeit vom Anfang bis in die 40er-Jahre des 20. Jahrhunderts entwickelt und formalisiert wurde, die „trait theory", also ein Konzept, das sehr stark auf die Eigenschaften von Führungspersönlichkeiten abstellt. Ralph M. Stogdill analysierte 24 Studien auf „personal factors associated with leadership" hin und publizierte 1948 eine Übersicht im „Journal of Psychology". Er destillierte Wesenszüge heraus, die aus seiner Perspektive einen „leader" von einem „non-leader" unterscheiden. Wichtig ist im Rahmen dieses Konzeptes, dass die vorhandenen Wesenszüge des Führers jeweils relevant sein müssen für die Lage, in der er sich befindet bzw. auf die er trifft. Nur so können sie sich entfalten.

Robert L. Katz nahm dann in den 50er-Jahren eine Fokusverschiebung vor: weg von den Wesenszügen, hin zur einer Betonung von Fähigkeiten und Fertigkeiten („skills"). Und zwar Fertigkeiten, die nicht angeboren sind, sondern erlernt werden können. Und erlernt werden sollen. Drei Fertigkeiten standen dabei im Vordergrund: technische, menschliche und strategisch-konzeptionelle.

Einen anderen Ansatz verfolgt die „behavioural theory", ein verhaltensorientierter Ansatz der Führung. Hier liegt die Aufmerksamkeit darauf, wie sich die Führungspersönlichkeit gegenüber ihren Untergebenen in verschiedenen Kontexten verhält. Vier Aspekte sind hier wichtig: Erstens ruht ein Blick auf dem Führungsstil. Kurt Lewin (1939) unterscheidet hier drei Stile: autokratisch, demokratisch, laissez-faire.

Ein zweiter Fokus liegt auf der Abwägung zwischen „initiating structure", also dem Einrichten von Strukturen für die eigene Rolle und die der Untergebenen auf die zu erfüllenden Aufgaben hin, und „initiating consideration", also einer Betonung der persönlichen Beziehungen in der Führung, also Vertrauen, Respekt, manchmal Kameradschaft. Eine dritte Betrachtung zielt auf den Bereich, wo der Führungsstil auf einem Kontinuum zwischen Mitarbeiterorientierung und Produktionsorientierung angesiedelt ist.

Ein zusammenfassender Blick ist dann – viertens – der sogenannte „Blake and Mouton Managerial Grid". In einem Koordinatensystem aus „Fokus auf Aufgaben/Ergebnisse" und „Fokus auf Menschen" werden fünf Führungsstile definiert. Die Skala in beiden Dimensionen geht jeweils von 1 (sehr tief) bis 9 (sehr hoch): Authority compliance (9,1), Country Club Management (1,9), Impoverished Management (1,1), Middle of the Road Management (5,5), Team Management (9,9).

Ganz im Unterschied zu den vorgenannten Theorien, die jeweils einen bestimmten Führungsstil als überlegen betrachten, betont die „contingency theory", dass es schlicht und einfach kein Optimum bei den Führungsansätzen gibt. Ein effektiver Manager wird sich unterschiedlicher Stile bedienten, ganz entsprechend der Lage, auf die er trifft. So betont der Vater des in den 60er-Jahren geprägten kontingenz-orientierten Ansatzes Fred E. Fiedler, dass ein Leadership-Stil, der in der Vergangenheit sehr effektiv war, völlig unbrauchbar sein kann für eine neue Situation.

In den 70er-Jahren erfreuten sich dann „implicit leadership"-Theorien großer Beliebtheit. Hier geht man davon aus, dass nicht nur die Führungspersönlichkeit Annahmen über die Lage und hier insbesondere über die Fähigkeiten und Kompetenzen der Untergebenen trifft, sondern auch die Untergebenen Annahmen treffen über das zu erwartetende Verhalten der Führungskraft und deren Führungseigenschaften. So wird Leadership vor allem verstanden als: „a process of being perceived by others as a leader".

Die Frage, ob jemand ein „leader" ist oder nicht, wird also nicht in erster Linie durch die Eigenschaften oder das Verhalten der Führungskraft selbst bestimmt, sondern dadurch, wie die Untergebenen die Person wahrnehmen und ob sie ihr die Eigenschaften eines „leaders" zuschreiben.

Ebenso aus den 70er-Jahren stammt ein psychodynamischer Führungsansatz, der auf die Beziehung und Interaktion zwischen der Führungspersönlichkeit und ihren Mitarbeitern abstellt. Die Annahme ist, dass Führer ganz unterschiedliche Formen von Beziehungen mit Mitgliedern ihrer Gruppe entwickeln, welche im psychodynamischen Ansatz als Dyaden bezeichnet werden. Führung basiert also auf intensiven Zweierbeziehungen. Die sogenannte „Vertical dyad linkage theory (VDL)" geht davon aus, dass „in-group members" eine sehr enge Beziehung zur Führungspersönlichkeit entwickeln, die auf Vertrauen, Respekt, Verhandlungskultur und wechselseitigem Einfluss beruht. Die „out-group members" hingegen haben dieses enge (Vertrauens)Verhältnis nicht, deren Beziehung zu ihrem Chef ist eher von transaktionaler, also durch Verträge und Verabredungen geprägte Natur, bestimmt durch Pflichten, aber wenig Vertrauen und Respekt.

Führen als besondere Form des Dienens

In seiner Amtsantrittsrede am 20. Januar 1961 sagte der 35. US-Präsident John F. Kennedy einen Satz, der bis heute unvergessen ist: „Fragt nicht, was euer Land für euch tun kann – fragt, was ihr für euer Land tun könnt." Diese Zeilen bilden im Grunde auch den Kern eines Führungsverständnisses, das in der Literatur als „Servant leadership"-Theorie bezeichnet wird. Die Führungspersönlichkeit ist gewissermaßen der erste Diener einer Sache. Hierzulande hat dieser Ansatz eine alte Tradition, war es doch schon Friedrich der Große, der sich als „erster Diener" sah und dieses Selbstverständnis auch im preußischen Beamtentum verankern wollte: „Der Herrscher ist der erste Diener des Staates." Ein Vorkämpfer für diese Philosophie in der damaligen Deutschland AG war der langjährige Geschäftsführungsvorsitzende der Robert Bosch GmbH Hans L. Merkle. Für ihn war Führen nur eine besondere Form des Dienens. Dieser demütige Managementansatz ist bis auf den heutigen Tag bei Bosch spürbar. Hier hat sich über Managergenerationen eine ganz eigene Führungskultur etabliert, die sich deutlich von anderen Unternehmen unterscheidet.

Ein Führungstypus, der in einem Unternehmen wie Robert Bosch indes einen schweren Stand hätte, ist „charismatische Führung". Keiner der CEO von Bosch in den zurückliegenden Dekaden war besonders charismatisch. Und das war sicher auch so gewollt.

Andere Unternehmen hingegen wollen einen charismatischen Führer an der Spitze. Gerade in der Automobilindustrie oder dem Mediengeschäft ist bei CEO-Auswahlprozessen eine Frage, die ständig erörtert wird: Ist sie oder er charismatisch genug als Nummer 1? Die Idee charismatischer Führung wurde wesentlich von Max Weber geprägt. In seinem Buch „Wirtschaft und Gesellschaft" (1922) unterscheidet er drei Typen der Herrschaft. Seine Grundfrage lautet: Warum lassen sich Menschen beherrschen? Im Kern sieht er dafür drei Gründe: Tradition legitimiert traditionelle Herrschaft, die Heiligkeit oder Heldenkraft einer Person legitimiert charismatische Herrschaft, Gesetze und Regeln legitimieren bürokratische Herrschaft. Diese Grundidee wurde von der Führungslehre aufgegriffen und zu verschiedenen Modellen „charismatischer" Führung entwickelt. Im Kapitel „Toxische Führung" werde ich auf den Charisma-Aspekt zurückkommen. Gerade Krisen- und Umbruchzeiten, wie wir sie erleben, sind ein favorables Umfeld für „charismatische" Führer.

Vor allem in den 80er- und 90er-Jahren dominierte die Idee der transaktionalen Führung. Gut zusammengefasst wird der Ansatz in einem Zitat, das seinerzeit gerne von Investmentbankern in Gehaltsrunden verwendet wurde: „I work for money – if you want loyalty, hire a dog".

Transaktionale Führung basiert im Wesentlichen auf Belohnungssystemen und dem Gewähren von Ausnahmen für strebsame und erfolgreiche Führungskräfte. Gleichzeitig werden auch die Untergebenen wiederum über diese Anreizsysteme gesteuert. Es findet zwischen den Hierarchieebenen eine Transaktion zwischen Arbeitskraft und Be- bzw. Entlohnung durch den Arbeitgeber statt.

Transformationale Führung

Der Wirtschaftspsychologe Bernard M. Bass kritisierte das transaktionale Modell und schlug 1985 stattdessen ein transformationales Führungsmodell für die Wirtschaft vor. Aus seiner Sicht sollte eine Führungspersönlichkeit seine Untergebenen nicht in erster Linie incentivieren, sondern motivieren, also auf der Maslow'schen Pyramide höher angesiedelte Bedürfnisse ansprechen. Sein Zielbild ist ein Visionär, der seinen Mitstreitern durch Vision und Vorbild glaubhaft vermitteln kann, einer größeren Sache zu dienen. Und damit seine Gefolgsleute über deren engen Eigeninteressen (wie Boni und Einkommen) hinausführt. Für die praktische Managementberatung wurde der vom transformationalen Führer erwartete Fähigkeitskatalog in vier alliterative Leitsätze übersetzt: idealized influence, inspirational motivation, intellectual stimulation, individualized consideration.

Weitere Führungsmodelle aus jüngerer Zeit sind „distributed leadership"- und „authentic leadership"-Theorien. Zu ersteren gehören Ansätze wie „shared leadership", „team leadership" bzw. partizipative und demokratische Führung. Ihnen ist gemein, dass die Führungsfunktion nicht mehr bei einer einzelnen Person lie-

46

gen soll, sondern aufgeteilt wird zwischen allen Mitgliedern des Teams. Erfolgskritisch ist also nicht ein einzelnes Individuum, sondern die Anstrengung und Leistung der Gruppe. Die Vertreter dieser Denkrichtung argumentieren, dass in einer hochkomplexen Welt wie der unsrigen unmöglich eine Person das notwendige Wissen und die richtigen Fähigkeiten mitbringen kann. So betont Harvard-Professor Clayton Christensen, dessen Forschung u. a. Apple-CEO Steve Jobs und Amazon-Gründer Jeff Bezos inspirierte, dass in der heutigen VUCA-Welt „Kooperation und Kollaboration" die zentralen Erfolgsfaktoren sind. In diesem Umfeld tauchte auch der sogenannte „We-Q" auf. Er löst gewissermaßen den individuellen Intelligenzquotienten (IQ) und den EQ ab, der die emotionale Intelligenz einer Führungskraft misst. Und beschreibt die Systemkompetenz eines ganzen Teams, die „Wir-Intelligenz".

Die Bedeutung von starken Teams für die Unternehmensleistung ließ Google untersuchen und dafür große Datenmengen auswerten. Es stellt sich heraus, dass es weniger die persönlichen Eigenschaften und die Fachexpertise der Mitglieder sind, die Teams erfolgreich machen – als die Art und Weise, wie die Teammitglieder miteinander umgehen. Der entscheidende Faktor ist die sogenannte „psychologische Sicherheit", also ein hoher Grad an Vertrauen und Offenheit in der Gruppe. Verschiedene neuere Studien zeigen, dass es die psychologische Sicherheit und eine offene Feedback-Kultur sind, die Hochleistungen von Teams bzw. Unternehmen ermöglichen. Prägend hier ist die Harvard-Professorin Amy C. Emondson mit ihrem 2019 veröffentlichten Buch „The Fearless Organization: Creating Psychological Safety in the Workplace for Learning, Innovation and Growth".

Schon seit 2003 ist „Authentizität" als überragend wichtige Führungseigenschaft im Gespräch. Es gibt hier zwar keine weithin anerkannte Definition und auch wenig wissenschaftliche Arbeiten dazu, aber insbesondere im Seminar- und Trainingsgeschäft sowie in den Medien ist das Konzept sehr beliebt. Grundsätzlich geht es darum, dass die Führungspersönlichkeit sich selbst in seinen Stärken und Schwächen erkennt, im Austausch mit seinem Team klarmacht, warum sie wofür steht, sich offen und balanciert mit Standpunkten der anderen auseinandersetzt und diese evtl. einbindet und bei allem jeweils eine ethische Grundlage spüren lässt, auch gegen äußere Widerstände. Überschneidungen mit dem oben beschriebenen „contingency"-Ansatz sind dabei offenkundig.

Schließlich wäre noch die „entrepreneurial leadership"-Theorie zu nennen, die sich seit Anfang der 2000er-Jahre – insbesondere in größeren mittelständischen Unternehmen – einer gewissen Beliebtheit erfreut. Die Führungskräfte sollen „einfach" so agieren, als seien sie Eigentümerunternehmer. Und Unternehmer werden als mitreißende Führungspersönlichkeiten gesehen, die durch ihre Vision Menschen und Ressourcen mobilisieren. Noch weniger als bei der authentischen Führung gibt es bei diesem Konzept eine einheitliche Definition oder saubere theoretische Grundlagen, deswegen wird das Konzept als „atheoretisch" und noch wenig ausgereift kritisiert. Einen guten Stand vermitteln Claire Leitch und Thierry Volery in ihrer 2017 publizierten Übersicht mit dem Titel „Entrepreneurial leadership: Insights and directions".

Führung in Zeiten der Ungewissheit

„Die Notwendigkeit zu Handeln geht weiter als die Möglichkeit zu denken." (Immanuel Kant)

Die Übersicht über die diversen Konzepte zeigt: es gibt wahrlich keinen Mangel an Führungstheorien. Und (fast) jeder Ansatz hat etwas für sich.

Was ich Ihnen auf den folgenden Seiten anbieten will, ist freilich weniger dogmatisch, aber auch weniger sophistiziert als die dargestellten theoretischen Konzepte. Dieses Buch ist nicht mehr und nicht weniger als ein Set von Anregungen für die Führungspraxis in Zeiten der Ungewissheit.

Und hier sind es meines Erachtens vier Prinzipien, die erfolgreiche Führung ausmachen: Handlungskraft, Haltung, Hingabe und Haftung.

In den zurückliegenden zwei Jahrzehnten durfte ich zunächst als Wirtschaftsredakteur, seit über zehn Jahren dann als persönlicher Ratgeber und Coach verschiedene Führungspersönlichkeiten in Europa, Asien und den USA – teils sehr eng – begleiten. Häufig in für sie selbst und/oder ihre Unternehmen extrem herausfordernden Situationen – sei dies ein Telekommunikationskonzern nach einem Datenskandal, ein Energieversorger nach Fukushima, eine Großbank in der Finanzkrise oder ein Automobilkonzern inmitten von Handelskrieg und Klimadebatte.

Seit inzwischen über 30 Jahren halte ich eine enge Verbindung zu Streitkräften im In- und Ausland – sei es durch mein Engagement in internationalen Generalstabslehrgängen oder im Austausch mit verschiedenen (ehemaligen) hochrangigen NATO-Generalen, die ich bei Unternehmen, die vor komplexen Herausforderungen stehen, gerne als „Senior Mentoren" einbinde.

In einem Standardwerk für angehende Generale, dem „Strategic Leadership Primer", steht knapp, wie man sich Führung in einer VUCA-Welt vorstellt: „In short, strategic leadership focuses on alignment, visioning and change." („Kurzum, strategische Führung konzentriert sich auf Gefolgschaft, Vision und Veränderung.")

Dieser Satz beschreibt – aus meiner Sicht – letztlich den Kern von Führungskunst; er umreißt das, was von einer Führungskraft in einer von Ungewissheit geprägten Umwelt verlangt werden muss: Sie muss ein klares Ziel haben, das jedermann kennt und versteht; sie muss hart daran arbeiten, dass sich alle Mitstreiter hinter diesem Ziel versammeln und dafür mit Feuereifer kämpfen; und sie muss ihre Sprungkraft trainieren, Veränderungen des Spiels mutig herbeizuführen oder beherzt zu nutzen. Das übersetze ich in Handlungskraft, Haltung, Hingabe und Haftung.

Dieser Kern von Führungskunst hat sich über die Jahrhunderte, ja Jahrtausende nicht geändert.

Gewiss, es liegt letztlich im Auge des Betrachters, ob er über die Jahrtausende sowie über alle gesellschaftlichen Systeme und Subsysteme hinweg sozusagen ein Set von ewigen Führungstugenden erkennen will und kann. Zunächst mutet dies an wie der Versuch, in der Physik die Weltformel anhand der vier Grundkräfte Gravitation, Elektromagnetismus, schwache und starke Kernkraft zu entdecken. Mag sein, aber mein Anliegen hier ist nicht die ewige Führungsformel, sondern eine praxistaugliche Handreichung aus einem Destillat dessen, womit erfolgreiche Führer in Zeiten der Ungewissheit gut gefahren sind. Und eine Aufschlüsselung, was ich als Führungskraft an Persönlichkeit und Handwerk mitbringen muss bzw. woran ich arbeiten muss, um nicht nur gut zu managen, sondern sehr gut zu führen.

Handlungskraft: Aufmerksamkeit und Agilität

„Führen und Lernen bedingen sich gegenseitig."
(John F. Kennedy)

Handlungskraft ist kein Wort, das Ihnen schon häufig begegnet sein dürfte. Man spricht in der Regel von Handlungsfähigkeit oder Handlungswillen. Im Führungskontext halte ich indes „Handlungskraft" für den geeigneteren Terminus, vereint er doch die Fähigkeit zu handeln und den Willen zu handeln in einem Begriff.

Das Wort „Kraft" begleitet uns seit urgermanischen Zeiten, es ist ein „kraft-volles" Wort, bedeutete zunächst „Muskelanspannung". In jüngerer Zeit hat sich u. a. der deutsch-israelische Physiker und Philosoph Moshe Jammer maßgeblich mit den Facetten des Kraftbegriffs auseinandergesetzt und verortet dessen Ursprung in der menschlichen Erfahrung, dass eine einmal gefasste Absicht dann auch in die Tat umgesetzt wird. Es geht um Entschluss und Wirkung.

In Anlehnung an das Kausalprinzip könnte man sagen: Handlungskraft umfasst das Ausüben von Kraft infolge eines dezidierten Entschlusses; die generierte Wirkung ist die Folge des Wirkens der Kraft. In anderen Worten: Handlungskraft braucht Aufmerksamkeit, die mich dazu leitet, überhaupt einen Entschluss treffen zu wollen. Und sie braucht Agilität, die notwendig ist, um einen Entschluss herbeizuführen und zur Wirkung zu bringen.

In Zeiten der Krise und der Ungewissheit kommt dann – ganz wie in der berühmten Formel von Isaac Newton – ein weiterer wichtiger Kraftvektor hinzu: der Faktor Zeit.

Handlungskraft ist gewissermaßen: Erkenntnisfähigkeit mal Entscheidungswille geteilt durch Zeit im Quadrat.

Aufmerksamkeit ist Pflicht

„Politik beginnt mit dem Erkennen der Wirklichkeit." Es ist umstritten, von wem dieses Zitat stammt. Unstreitig dürfte sein, dass es eine tiefe Wahrheit enthält. So deutlich wie nie hat uns die Corona-Krise vor Augen geführt, wie wichtig und wie schwierig es ist, die Wirklichkeit richtig und rechtzeitig zu erkennen. Das gilt nicht nur für die Politik, sondern auch für die Wirtschaft.

Außerdem hat die Corona-Krise illustriert, wie dramatisch die Folgen sind, wenn die Wirklichkeit nicht richtig oder rechtzeitig erkannt bzw. zur Kenntnis genommen wird. Es ist offensichtlich, dass Politiker wie Donald Trump und Boris Johnson enorm viel Zeit und damit Handlungsspielraum verloren haben, weil sie Corona zunächst ignoriert und dann kleingeredet haben. Auch hier gilt dann die oben eingeführte Formel zur Handlungskraft – allerdings mit umgekehrten Vorzeichen: Erkenntnis*un*fähigkeit mal Entscheidungs*un*wille geteilt durch Zeit im Quadrat. Für die USA und Großbritannien eine katastrophale Gleichung.

Führungskräfte – ob in Politik, Militär oder Wirtschaft – müssen aufmerksam sein und sich breit interessieren. Und zwar deutlich über ihren eigentlichen Verantwortungsbereich hinaus. Für fast alle Entwicklungen gibt es Frühwarnindikatoren, sehr häufig liegen diese aber außerhalb des engeren beruflichen Blickfelds. Und selten werden diese in der klassischen Wettbewerbsbeobachtung der Unternehmen abgebildet.

Natürlich hätte die Medienindustrie den drohenden vollständigen Verlust von Rubrikenanzeigen wie Immobilien-, Auto-, Job- oder Kleininseraten frühzeitig erkennen können. Ein Blick über den Teich in die USA und ein paar Testklicks auf ein kleines 1995 im kalifornischen San José gegründetes Startup namens Ebay hätte genügt. Natürlich zeichnete sich die Finanzkrise 2008/2009 früh ab: Wie in den USA Immobilienkredite vergeben wurden, war bekannt. Und auch der Umstand, dass man kaum mehr Eigenkapital benötigte für Unternehmensdeals (Stichwort: „leverage ratio") war kein Geheimnis.

Aber wie hätte man Corona ahnen können? Ganz einfach: Bereits im April 2015 hielt Microsoft-Gründer Bill Gates einen eindrucksvollen und alarmierenden TED-Talk zu diesem Thema. Noch eindringlicher wurde Gates zwei Jahre später auf der Münchner Sicherheitskonferenz. Dort standen das halbe deutsche Bundeskabinett und zahlreiche Top-Manager auf der Gästeliste. Aufmerksam zugehört hat damals offenkundig keiner.

„The crucial military difference between (...) Washington and the commanders who opposed him was that they were sure they knew all the answers, while Washington tried every day and every hour to learn", erklärt James Thomas Flexner die militärischen Erfolge von George Washington über seine Gegner. Washington war auch in seiner Führungsrolle wissbegierig, ein Lernender.

Bei den Führungskräften in der Wirtschaft endet das Lernen heutzutage aber häufig mit der Entgegennahme des ersten Vorstandsvertrages. Man hört keine Vorträge mehr, sondern man hält welche. Man geht in keine Workshops mehr, sondern man dekretiert sie. Man liest keine Zeitungen mehr, sondern nur noch den Unternehmenspressespiegel. Und selbst den nur selektiv daraufhin, ob man selbst drinsteht.

Der US-Unternehmensberater Tom Peters hat einmal die jährliche Zahl an Fortbildungsstunden für den durchschnittlichen amerikanischen Werktätigen errechnet. Er kam auf 26,3 Stunden. Der Wert für Führungskräfte liegt wohl noch deutlich darunter. Peters fragt: „Können Sie sich 26,3 Stunden pro Jahr bei einem Opernsänger, einem Geiger, einem Läufer, einem Golfer, einem Piloten, einem Soldaten, einem Chirurgen oder Astronauten vorstellen?"

Ähnlich wie Virtuosen im Sport, in der Kultur oder am Operationstisch brauchen auch die Virtuosen an der Spitze großer Organisationen eine bestimmte Art von Fort- und Weiterbildung. Kaum geeignet dafür sind natürlich wochenlange Kurse, die meist zu Tageszeiten stattfinden, an denen ein Top-Manager anderes zu tun hat, als die Schulbank zu drücken. Oder die Teilnehmerschar so heterogen ist, dass sich ein Top-Entscheider dort fehl am Platze vorkommt.

Präzise, konzise, luzide

Wo ein Wille ist, da gibt es meist auch einen Weg. So auch für Führungspersönlichkeiten, die gezielt ihren Horizont und ihr Netzwerk erweitern wollen. Einerseits gibt es inzwischen reichlich Angebote, die nach Anspruch, zeitlicher Gestaltung und Diskretion genau auf die Bedürfnisse dieser Zielgruppe kalibriert sind; andererseits gibt es gerade für Menschen an der Spitze von Organisationen reichlich Gelegenheit, selbst Aufmerksamkeit zu „erzeugen".

Fangen wir im Kleinen, im persönlichen Umfeld, an. Führungskräften, insbesondere männlichen Geschlechts, fällt es offensichtlich verdammt schwer, im Rahmen von privaten oder geschäftlichen Essensterminen Fragen an ihre Tischnachbarn und Tischnachbarinnen zu stellen. Stattdessen wird, besonders gern vor Frauen, entweder doziert oder – noch schlimmer – unter dem Tisch auf dem Smartphone herumgespielt. Auf einem CEO-Dinner beim World Economic Forum in Davos kamen die Gastgeber sogar auf die Idee, während des Essens ständig via Handy Fragen beantworten zu lassen – wahrscheinlich aus der Erkenntnis, dass die CEO eh den ganzen Abend an ihren Geräten hängen. Ich glaube, dass an den meisten Tischen die Gäste außer „Hello" und „Good Bye" kein einziges Wort wechselten. Social distancing hat in Top-Managementkreisen auch schon vor Corona bestens funktioniert.

Dieses Verhalten ist nicht nur unhöflich, sondern töricht. Denn die Führungspersönlichkeit, deren Zeit ja in der Tat knapp bemessen ist, vergeudet wertvolle Zeit, die sie nutzen könnte, um aus anderen Lebensbereichen Neues und bisher Unbekanntes zu erfahren. Den einzigen namhaften deutschen Manager, den ich kenne, der es sich aus diesem Grund zum eisernen Prinzip gemacht hat, seine Tischnachbarn detailliert über deren Passionen und Hobbys auszufragen, ist der Chef des Axel-Springer-Verlages Mathias Döpfner.

Es ist auch keineswegs schädlich für eine Top-Führungskraft, ab und an ein relevantes Buch zu lesen oder wenigstens *an*zulesen. Das muss ja nicht so intensiv sein wie beim Vorstandsvorsitzenden von EnBW, Frank Mastiaux, der jede Woche akribisch die Literaturseiten der Financial Times durch- und abarbeitet. Raffiniert ist die Bildungsmethode eines deutschen Staatssekretärs, der sich jeden Monat den (herausragend erlesenen) Büchertisch der Buchhandlung Waterstones in Oxford fotografieren lässt, um Monate vor allen anderen in Deutschland zu sehen, was die Bildungselite liest und welche Themen relevant werden.

Der ehemalige Vorstandsvorsitzende des Verlagshauses Gruner+Jahr, Gerd Schulte-Hillen, schrieb jungen Führungskräften jeweils ins Stammbuch: „Today a reader, tommorrow a leader." Leider wird die Zahl der „hommes des lettres" im Kreise der Top-Manager zunehmend schmaler. Erfreulicherweise gibt es aber noch im guten Sinne altmodische Führungspersönlichkeiten: So schickte in der Anfangsphase der Corona-Krise der Kuratoriumsvorsitzende der RAG-Stiftung und ehemalige CEO von RWE, Jürgen Grossmann, an seine Weggefährten eine Ausgabe von Albert Camus' „Die Pest". Und in der Tat konnte jeder, der dieses Buch gelesen hat, ahnen, wie sich die Corona-Pandemie in Politik und Gesellschaft auswirken wird.

Leicht zu imitieren ist auch ein „Bildungs"-Modell, das seit Jahrzehnten die Herausgeber der Frankfurter Allgemeinen Zeitung praktizieren. Diese laden jeweils mittwochs eine spannende Zeitgenossin oder einen spannenden Zeitgenossen zu einem Lunch ein, um aus den verschiedensten Lebensbereichen Neues zu erfahren.

Auch Vorstandschefs, Geschäftsführer, Bischöfe und Generale dürften in der Regel hinreichend Anziehungskraft entfalten, um einmal im Monat eine interessante Persönlichkeit für ein Frühstück oder Mittagessen anlocken zu können. Idealiter lädt der Chef dazu auch eine Handvoll enger Mitstreiter ein. Auch in Vorstands- oder sonstigen Gremiensitzungen ist in der Regel hinreichend

Raum, einmal im Quartal einen spannenden Gast zu begrüßen. Oder jemand aus der Organisation selbst vortragen zu lassen. Tenor: „Liebe Kolleginnen, liebe Kollegen, heute hören wir mal zu. Heute lernen wir was!"

Sehr gute Erfahrungen haben einige Unternehmen hier mit dem „Benedikt-Prinzip" gemacht. In den Regeln des heiligen Benedikt zur Führung eines Klosters wird die Rolle des Jüngsten betont: „Gottes Geist spricht bevorzugt aus dem Mund des Jüngsten." Deswegen sollte dieser auch als Erster zu Wort kommen. So laden inzwischen einige Vorstände jeweils einen Mitarbeiter, der noch neu im Unternehmen ist, zu Vortrag und Diskussion in eine Gremiensitzung ein, weil von diesem am ehesten ein unverstellter Blick auf die Dinge zu erwarten ist. Oder man bittet gezielt junge Mitarbeiter aus der Generation der „Digital natives" hinzu, wenn über Fragen digitaler Geschäftsmodelle oder digitaler Transformation diskutiert wird.

Reisen bildet – im Unternehmen und darüber hinaus

Auf einen unverstellten Blick trotz langjähriger Betriebszugehörigkeit setzen Unternehmen, die „Job rotation" nicht nur auf der unteren oder mittleren Managementebene praktizieren, sondern auch an der Spitze. So überraschten vor ein paar Jahren Susanne Klatten als Hauptaktionärin und ihr damaliger Vorstandschef Matthias Wolfgruber bei einem unscheinbaren Führungskräftetreffen am Firmensitz in Wesel die Top-Manager von Altana mit der Ansage, dass die Vorstände alle untereinander die Ressorts tauschen. Auch bei BMW ist dieser Wechsel zwischen den Bereichen an der Tagesordnung. „Ich habe häufig eine Funktion übernommen, wo ich von Tuten und Blasen keine Ahnung hatte", bekennt Harald Krüger, der in seiner 28-jährigen Karriere bei BMW u. a. das Amt des Personalvorstands innehatte, dann an die Spitze der neu geschaffenen Division Mini, Rolls-Royce und BMW Motorrad wechselte, danach Produktionsvorstand und schließlich Vorstandschef wurde. Den Vorzug dieses konsequenten, in Deutschland eher unüblichen Wechsels zwischen den Fachbereichen beschreibt der studierte Maschinenbauer, der inzwischen im Aufsichtsrat der Lufthansa und Telekom sitzt, wie folgt: „Da müssen Sie den Mitarbeitern vertrauen. Da lernen Sie führungstechnische Dinge, die Sie sonst nie lernen."

Eher unüblich für die Führungsspitzen hierzulande ist es auch, sich aktiv der Diskussion mit etwaigen Gegnern in Markt oder Gesellschaft zu stellen. Allerdings gibt es durchaus ein paar Persönlichkeiten, die bewusst diesen Diskurs suchen. So versammelte René Obermann und danach sein Nachfolger als CEO der Telekom, Tim Hoettges, jeweils einmal im Jahr für genau 24 Stunden rund 80 Persönlichkeiten aus der ganzen Welt, um mit diesen über die wichtigsten globalen Trends in der Telekommunikationsindustrie und darüber hinaus zu diskutieren. Die Hälfte der Teilnehmer sind andere Big Bosses, die andere Hälfte sind Verbraucherschützer, Aktivisten, Regulatoren – allesamt Menschen, die einem Unternehmen wie der Telekom das Leben schwer machen (können). Dieses Format folgt gewissermaßen dem kybernetischen Prinzip „Don't fight forces, use them". Diese Veranstaltung hat auch im Lager der CEO Furore gemacht, weil sie kaum irgendwo sonst so ausdrücklichen und konzisen Widerspruch bekommen wie dort. Ähnlich ging auch Jürgen Fitschen vor, als die Deutsche Bank in der Kritik stand, mit Rohstoffen zu spekulieren und dadurch die Preise nach oben zu treiben. Kurzerhand lud Fitschen rund 40 seiner härtesten Kritiker zu einer ganztägigen Diskussionsrunde in ein Kloster in Frankfurt ein. Und hörte erst einmal einen halben Tag zu.

Beliebt als komprimiertes Fortbildungsformat in großen gesellschaftlichen und politischen Fragen ist inzwischen der Wirtschaftsgipfel der Tageszeitung „Die Welt" in Berlin. Handverlesene Vorstandschefs diskutieren für einen Tag intensiv und offen mit verschiedenen Regierungschefs und Ministern aus dem In- und Ausland. Unterlegt ist die Veranstaltung durch eine in Filmen und Animationen sorgfältig erarbeitete Faktenbasis. Nicht wenige CEO schreiben hier dann eifrig mit.

Hervorragende Frühwarnindikatoren für künftige Entwicklungen und Trends sind auch das jeweils im Januar stattfindende World Economic Forum in Davos und das kleine, aber feine Forum des Stern Stewart Institutes auf Schloss Elmau. Als „Glaskugeln" in Sachen digitaler Transformation haben sich das DLD – Digital Life Design – in München und das ausgesprochen diskrete, aber hochkarätige Forum „YNow" auf Schloss Heiligenberg unter Top-Entscheidern etabliert. Weitere Konferenzen, die für Top-Führungskräfte weltweit als Trendbarometer dienen, sind die sogenannten TED-Konferenzen und in der globalen Top-Liga natürlich Bilderberg und Sun Valley. Besonders begehrt sind inzwischen auch Einladungen des französischen Staatspräsidenten Emmanuel Macron zu seinen Wirtschaftsforen in Versailles.

Eher schwer haben es inzwischen Veranstaltungen wie die Baden-Badener Unternehmergespräche, die auf eine große Tradition zurückschauen, aber in ihrer Machart etwas aus der Zeit gefallen sind. „Uns geht es darum, heutige und zukünftige Unternehmenslenker in der Wahrnehmung ihrer übergreifenden und weitreichenden Verantwortung für Unternehmen, Wirtschaft und Gesellschaft zu stärken", lautet der Anspruch dieses 1955 gegründeten Programms, das in der Vergangenheit fast alle Manager und Unternehmer durchliefen, die es in der Deutschland AG nach oben brachten. Die Teilnehmer müssen sich gleich mehrere Wochen aus ihren Unternehmen ausklinken, was in der schnell drehenden Wirtschaftswelt zunehmend schwierig wird. Hoch in der Gunst der heutigen „High Potentials" stehen eher informelle Netzwerke, die weniger Zeit in Anspruch nehmen. Unter angehenden Vorstandschefs sehr beliebt sind beispielsweise die Einladungen von Wolfgang Reitzle in sein Refugium im italienischen Lucca, wo er alljährlich vielversprechende Nachwuchstalente mit erfahrenen Managern und Unternehmern zusammenbringt. Oder das hochkarätige Frauennetzwerk „Generation CEO", das vom Personalberater Heiner Thorborg ins Leben gerufen wurde.

Bereits im Jahr 2013 brach sich auf oberster Führungsebene eine neue Entwicklung Bahn, die ich als „Expeditionsreise" bezeichnen würde. Avantgarde in diesem Prozess war sicherlich der Axel-Springer-Verlag, der – gehörig medial orchestriert – seinen Vorstand zur „Fortbildung" ins Silicon Valley schickte, um dort hautnah den digitalen Wandel zu erleben. Eine derartige „Klassenreise" hatte vorher noch kein namhaftes Unternehmen gewagt. Inzwischen ist das Reiseziel in Sachen „digitale Transformation" aber eher China. So verbrachte der Vorstandschef eines großen deutschen Konzerns mit seinem Vorstandsteam eine gute Woche in Peking, Shanghai und Shenzhen, um vor Ort zu schauen, wo das Land der Mitte in Sachen Smart Grid, Elektromobilität, Artificial Intelligence usw. steht. Manche Unternehmen nehmen auch wesentliche Gesellschafter oder Betriebsräte mit auf Reisen. So berichtet der Aufsichtsvorsitzende von Heraeus, Jürgen Heraeus, dass man regelmäßig solche Reisen unternehme, um sicherzustellen, dass Gesellschafter und Arbeitnehmervertreter ein entsprechend weites Blickfeld auf wichtige strategische Themen haben. Nur am Rande bemerkt: Im Militär sind derlei Reisen ein altbekanntes Bildungsinstrument. So rief der Chef der deutschen Heeresleitung, Generaloberst Hans von Seeckt, bereits 1926 sogenannte „Große Führerreisen" für die Generalität ins Leben. Und bis auf den heutigen Tag sind ausgedehnte Informationsreisen im In- und Ausland zentraler Teil der General- und Admiralstabsausbildung in der Bundeswehr.

Zu einer „zentralen Fortbildungsveranstaltung" nicht nur für die Generalität, sondern auch für Vorstandschefs und Aufsichtsräte hat sich inzwischen die Münchner Sicherheitskonferenz entwickelt. Der 1963 als „Wehrkunde-Tagung" gegründeten Veranstaltung ist es unter der Führung von Wolfgang Ischinger gelungen, sich von einer militärischen Fachveranstaltung zu einem kleinen feinen sicherheitspolitischen „Davos" zu wandeln. Aus feuerpolizeilichen Gründen ist die Teilnehmerzahl auf 270 Gäste begrenzt. Und so drängen sich auf den Fluren das Bayerischen Hofs auf engstem Raum meist zwei Dutzend Staats- und Regierungschefs, fast 100 Minister und Staatssekretäre aus aller Welt sowie Top-Repräsentanten von Weltbank, Währungsfonds, EU, NATO usw. Wirtschaftsrelevante Themen wie Schiefergas, Cyber-Sicherheit, Piraterie, aber auch „Health and Security" wurden dort bereits diskutiert, ehe sie die Großkonzerne als strategische Fragestellungen erreichten. Den hohen Wert der

Sicherheitskonferenz als gesellschafts- und außenpolitisches Frühwarnsystem haben inzwischen auch die Vorstandschefs und Aufsichtsräte entdeckt. Mehr als zwei Drittel der Dax-30-Bosse sind inzwischen dort vertreten und schätzen das thematisch weit gespannte Programm, die sehr offenen Diskussionen und die im Vergleich zu Davos intime Atmosphäre.

So wünschenswert streng auf ihre Aufgabe fokussierte Führungskräfte über Jahrzehnte waren, so gefährlich sind sie heute. In einer Welt, in der sich ständig alles ändert, in der Volatilität und Komplexität das Zeitgeschehen bestimmen, braucht es Führungspersönlichkeiten, die eine breite Aufmerksamkeit an den Tag legen. Allein schon, um gesellschaftliche Stimmungen erfassen zu können, die heute wichtiger denn je sind in der Bewertung von Unternehmen. Hier leistete sich am Anfang der Corona-Krise der CEO des Sportartikel-Herstellers Adidas einen bösen Schnitzer. Sein Konzern, der in den Vorjahren Rekordergebnisse eingefahren hatte, wollte die Mieten nicht mehr zahlen. Dass so ein Verhalten als „asozial" gewertet und kritisiert würde, dafür hatte der Vorstandchef wohl kein Gefühl. Vielleicht, weil er vor der Krise nur auf die Fitness seines Unternehmens und seine eigene Fitness fokussiert war. Ich glaube, dass nun ein Nachdenken darüber einsetzen wird, ob „engführige" Top-Manager, die glauben, dass die wichtigsten Vitaldaten auf ihrer Fitness-Uhr angezeigt werden, noch so richtig in die Zeit (der Ungewissheit) passen.

Langanhaltende strategische Vorteile gibt es heute so gut wie nicht mehr. Die US-amerikanische Ökonomin Rita Gunther McGrath hat dazu ein sehr lesenswertes Buch geschrieben mit dem Titel „The End of Competitive Advantage". Weil Wettbewerbsvorteile häufig von kurzer

Dauer sind, müssen Entscheider heute stets „the big picture" vor Augen haben, erkennen, welche Trends massive Veränderungen bringen, wo Strukturbrüche ins Haus stehen, welche Disruptionen drohen.

„Data Literacy"

Das wohl meistverkaufte Buch zum Thema „Big Data" beginnt mit folgenden Zeilen: „Im Jahr 2009 wurde ein neues Grippevirus entdeckt. Diese neue, als H1N1 bezeichnete Variante kombinierte Elemente des Vogelgrippe- und Schweinegrippevirus und breitete sich rasch aus. Schon nach wenigen Wochen warnten die Gesundheitsbehörden weltweit vor einer möglichen Pandemie. Einige Stimmen befürchteten eine der Spanischen Grippe von 1918 vergleichbare Seuche." Im Jahr 2013, als das Buch des Oxford-Professors Viktor Mayer-Schönenberger und Economist-Redakteur Kenneth Cukier erstmals erschien, wirkte dieser Einstieg ein wenig seltsam. Warum ausgerechnet die sogenannte Schweinegrippe als Beispiel für die Bedeutung von Big Data? Nach 2020 stellt niemand diese Frage mehr. Uns allen wurde allen vor Augen geführt, dass in der Corona-Krise das schnelle Erfassen, Auswerten und Lesen von großen Datenmengen sozusagen das „Alpha" und „Omega" der ganzen Operation war.

Die Corona-Krise beleuchtet eine wesentliche neue Kompetenz, die heute Führungskräfte vorweisen müssen: „Data Literacy". Entscheider müssen eine hohe Aufmerksamkeit für verfügbare bzw. notwendige Daten entwickeln – und in der Lage sein, diese Daten möglichst vorurteilsfrei zu lesen. Dass das nicht so einfach ist, hat die Corona-Krise gezeigt. Es war offensichtlich, dass sich die Politiker schwertaten, aus den vorliegenden Daten das herauszulesen, was diese Daten hergaben – und nicht das, was man gerne in den Daten sehen würde. Hier schlug der psychologische Faktor der „kognitiven Dissonanz" voll zu: Für Lockerungsbefürworter zeigten die Daten bereits früh erste Erfolge; für jene, die sehr vorsichtig vorangehen wollten, war laut Daten die Trendwende noch nicht geschafft. Einer der wenigen öffentlichen Akteure, der strikt und ausdrücklich zwischen dem unterschied, was er weiß, was er glaubt und was er nicht weiß, war der Virologe Christian Drosten. Hier spürte man, dass sich der weltweit hoch angesehene Forscher über

Jahrzehnte durch die Befassung mit riesigen Datenmengen eine fundierte „Data Literacy" erarbeitet hat. Generell ist es so, dass die medizinische Forschung hier wohl am weitesten fortgeschritten ist. Und vor allem eines gelernt hat: Wir sollten auch kontraintuitive Ergebnisse, also Daten, die aller bisherigen Erfahrung widersprechen, zunächst zulassen. Mayer-Schönenberger und Cukier nennen in ihrem Buch „Big Data" hierfür ein instruktives Beispiel. Sie berichten von der Entwicklung einer Software am Institute of Technology der University of Ontario, die Medizinern bei Diagnosen in der Betreuung frühgeborener Babys helfen soll. Die Software verfolgt die verschiedensten Datenströme zu Herz, Atem, Temperatur, Blut, Sauerstoff etc., insgesamt werden 1260 Datensätze pro Sekunde verarbeitet. Das Programm arbeitet aber nicht, wie in der Medizin eigentlich üblich, mit Kausalität, sondern schlicht mit Korrelationen: Die Software sagt *was*, aber nicht *warum*. Auf diesem Wege förderte das Forscherteam um Carolyn McGregor Erkenntnisse zutage, die der herrschenden Lehre widersprechen. „So fand sie zum Beispiel heraus, dass es oft vor einer schweren Infektion zu einer starken Stabilisierung der Vitalfunktionen kommt. Das ist überraschend, denn eigentlich würde man eine langsame Verschlechterung bei einer beginnenden schweren Infektionen erwarten. Man kann sich vorstellen, wie ganze Generationen von Ärzten nach einem langen Arbeitstag noch einen Blick auf die Fieberkurve neben dem Bettchen des Frühgeborenen geworfen hatten und angesichts der stabilen Linie erleichtert nach Hause gegangen waren – nur um gegen Mitternacht einen hektischen Anruf von der Station zu erhalten, dass es überraschend ernste Probleme gibt und ihr Instinkt sie getäuscht hat."

Ein Instinkt, der täuscht – dieser Gefahr müssen auch Führungskräfte in der Wirtschaft begegnen. Ja, Bauchgefühl und Erfahrung sind häufig wertvoll, wenn es darum geht, rasch zu entscheiden. Aber Bauchgefühl und der Hinweis auf langjährige Erfahrungen sind absolut fehl am Platze, wenn sie dazu führen, dass Daten nicht erhoben bzw. nicht vorurteilsfrei gelesen werden. Natürlich ist es hart, wenn ein Datensatz plötzlich über Jahrzehnte aufgebaute „Lebensweisheiten" zerstört. Einige namhafte Konzerne arbeiten inzwischen mit dem Unternehmen Palantir zusammen, das ursprünglich vor allem für das Militär und die Geheimdienste eine ausgefeilte Software entwickelt hat, die in riesigen Datenmengen zielgenau die relevanten Informationen finden kann. Wie es heißt, war diese Fähigkeit wesentlich für das Auffinden von Osama bin Laden und anderer Top-Terroristen. So nutzt das Pharmaunternehmen Merck deren Algorithmen, um in der Krebsforschung neue Wege zu gehen – weg von alten Kausalitäten, hin zu neu entdeckten Korrelationen. Auch Airbus geht mit seiner neu aufgebauten Wartungsplattform Skywise diesen Weg. Hier wird in Echtzeit vermittels verschiedenster Indikatoren eine ziemlich zuverlässige Prognose erstellt, welches Flugzeug nächstens welche Wartung benötigt und mit welcher Wahrscheinlichkeit es nicht einsatzbereit ist. Auch Autobauer nutzen inzwischen derlei Algorithmen – oft mit erstaunlichen Ergebnissen. So kam eine Untersuchung zur Bedeutung von Ausstattungsmerkmalen beim Kaufentscheid zu einem Ergebnis, das diametral der gängigen Meinung in der Industrie entgegenlief: Der Käufer ist mit einem kleinen Set von Optionen sehr zufrieden. Die ständige Ausweitung der Varianten durch die Hersteller in den letzten Jahrzehnten hat nur Geld gekostet, aber keine Kunden gebracht. Sie können sich vorstellen, wie schwer so eine Diagnose für gestandene Auto-Manager zu akzeptieren und zu verdauen war. Gerade in solchen Fällen braucht es „Data Literacy" im obersten Führungskreis.

Agilität

Aus dem Munde eines der führenden deutschen Strategieberater klingt der folgende Satz wie ein Offenbarungseid: „War die Welt früher dadurch gekennzeichnet, dass wir zumindest mit der Fiktion einer mittelfristigen Gewissheit arbeiten konnten, sind wir heute mit fundamentalen Zweifeln an der Vorhersehbarkeit konfrontiert", bekennt der langjährige Roland-Berger-Chef Burkhard Schwenker. Und ergänzt: „Im Zentrum erfolgreicher Führung stehen die Persönlichkeit und ihre Werte. Allem voran braucht es Mut, Entschlossenheit und Reflexionsvermögen, um neue Möglichkeiten zu erkennen und Chancen zu ergreifen."

66

Soll heißen: Die Zukunft ist nicht mehr planbar. Sie ist aber sehr wohl gestaltbar. Vielleicht sogar gestaltbarer denn je, da sich die Dinge im Fluss befinden.

Was die neuen Chancen und neuen Risiken verbindet, ist die hohe Geschwindigkeit, in der sie heraufziehen. Und die damit verbundene Herausforderung für Organisationen, viel schneller und beherzter zu entscheiden als bisher üblich. Die Finanzkrise 2008/2009 war rückblickend hier wohl nur ein Testfall. Schon damals sprach Franz Fehrenbach, der Aufsichtsratsvorsitzende von Robert Bosch, von „Urknall-Disruptionen", auf die man künftig stets vorbereitet sein müsse. „Die Krise 2008/2009 hat gezeigt, wie schnell Pläne Makulatur werden. Unser Unternehmen war zu lange zu sehr plan-orientiert."

Ähnlich äußert sich auch der langjährige BASF-Chef Jürgen Hambrecht: „Traditionelle Strategie- und Planungsinstrumente verlieren an Aussagekraft." Der Chemiemanager verweist auf das Jahr 2011: „Da wurde die Wachstumsprognose sechsmal geändert, innerhalb von sechs Monaten wurde die Laufzeitverlängerung für Kernkraftwerke und dann der Komplettausstieg beschlossen."

Auch Wolfgang Reitzle, Aufsichtsratchef von Linde und Continental, ist seit langem klar, dass es mehr Agilität in der Führung von Unternehmen braucht: „Wir haben niedriges Wachstum und eine extrem hohe Volatilität. Das ist die neue Normalität, auf die wir uns wohl dauerhaft einstellen müssen. In der Zeit davor konnten Unternehmen langfristig planen (...), weil sie sich in einem einigermaßen sicheren Umfeld bewegt haben." Und er ergänzt: „Unternehmen brauchen jetzt eine ganz andere Flexibilität und Agilität. Sie müssen viel schneller auf Risiken reagieren können."

Ein Erkenntnisdefizit, dass es in der Wirtschaft neue Entscheidungsstrukturen braucht, die agiler und flexibler sind, gab es also nicht. Ebenso wenig mangelt es an kluger wissenschaftlicher Literatur zum Thema „Agilität". Ob die Unternehmen aber infolge der Finanzkrise 2008/2009 wirklich etwas geändert haben und nun in agileren Strukturen unterwegs sind, daran habe ich meine Zweifel. Das Gros der Firmen scheint mir nach dem Bewältigen der akuten Krise wieder in alte starre Bahnen zurückgekehrt zu sein. Entsprechend hart trifft sie die Corona-Krise und das damit verbundene Maß der Ungewissheit.

Einige Unternehmen haben durchaus gelernt. Aber mir scheint, nur jene, die in der Vergangenheit besonders hart, ja fast existenzgefährdend, von einer Krise betroffen waren. So habe ich beispielsweise – ausgerechnet – einen großen Energieversorger in der Corona-Krise als besonders agil erlebt. Nach meiner Beobachtung kamen von dort als erstes per Mail klar Anweisungen an Geschäftspartner, wie man sich bei Besuchen in der Unternehmenszentrale und in Unternehmensteilen zu verhalten habe. Zu einem Zeitpunkt, wo in anderen Unternehmen Corona immer noch hauptsächlich für eine Biersorte gehalten wurde. Schon früh wurden im Wochentakt die Maßnahmen kommuniziert, der CEO wendete sich an seine Mitarbeiter, die Krisenpläne wurden aktiviert, sehr früh ein Krisenstab eingerichtet und die Mitarbeiter ins Home Office geschickt, Analysten- und Pressecalls auf digital umgestellt und vorsorglich abgeschirmte Unterkünfte für Mitarbeiter in kritischen Bereichen wie Kernkraftwerken aufgebaut. Es wurde deutlich: Diese Industrie wurde durch das Unglück in Fukushima und die existenzgefährdenden Folgen einmal kalt erwischt und in seinen bis dahin starren Strukturen erschüttert. Das soll sich nicht wiederholen.

Zu den Kernsätzen in der Militärstrategie gehört bis auf den heutigen Tag der berühmte Satz des preußischen Generalfeldmarschalls Helmuth von Moltke: „Kein Plan überlebt die erste Feindberührung."

Führungspersönlichkeiten müssen heute ebenso schnell agieren wie Profi-Basketballer oder Bundesliga-Fußballer. Die Zeiten, wo man den Ball erst mal annimmt, stoppt und schaut, sind längst vorbei. Wer heute nicht aus der Bewegung in Sekundenschnelle einen Treffer landet oder als Druckpass präzise weitergibt, hat in der Weltliga keine Chance. Nicht nur im Sport.

Gerade große Organisationen sind indes nicht selten von einer Krankheit befallen, die man in der Psychologie als Abulie bezeichnet: eine krankhafte Willenlosigkeit, Willensschwäche und Unentschlossenheit. Dem Kranken gebricht es an Agilität. „Betroffene Personen möchten gerne eine Tätigkeit oder Handlung durchführen, können aber keinen diesbezüglichen Beschluss fassen oder sind unfähig, diesen auszuführen. Es wird verschoben und verschoben; eine Konzentration auf das eigentliche Vorhaben oder auf eine einzelne Tätigkeit ist nicht mehr möglich." Dem geneigten Leser mag dieses Phänomen aus seinem beruflichen Umfeld vielleicht bekannt vorkommen. Nicht wenige Institutionen sind mehr von Abulie denn von Agilität gekennzeichnet.

„Es herrscht Krieg zwischen den Leuten, die etwas zu tun versuchen, und den Leuten, die sie davon abzuhalten versuchen, etwas Falsches zu tun", fasst der US-Vier-Sterne-General Bill Creech den Widerstreit zwischen Abulie und Agilität im Militär zusammen. Ähnliches lässt sich auch in der Wirtschaft und in der Kirche bewundern. In der katholischen Kirche findet dieser „Krieg" seit einiger Zeit auf der Bühne der Weltöffentlichkeit statt: agiler Chairman gegen besitzstandswahrenden Stab. Wollen wir die Daumen drücken, dass sich der Chairman durchsetzt.

Die Harvard Business Review widmete sich im Juni 2013 unter dem Titel „Strategy for Turbulent Times" umfassend der Frage, wie Führer in Zeiten der Ungewissheit zu entscheiden haben. Und die Antwort fiel eindeutig aus: „Speed is paramount. Fast and roughly right decision making must replace deliberations that are precise but slow (...) In a world where advantages last for five minutes, you can blink and miss the window of opportunity."

Damit ist eine Erkenntnis in der Managementlehre angekommen, die es im Militär schon seit Jahrzehnten gibt. Der legendäre US-General George S. Patton brachte dies bereits vor rund 60 Jahren auf den Punkt: „A good plan violently executed now is better than a perfect plan next week." Noch kürzer formuliert es Facebook-Gründer Mark Zuckerberg: „Done is better than perfect."

Die Erfordernis, im dichten Nebel der Ungewissheit, in der VUCA-4.0-Welt, auf Basis unvollständiger Information beherzt und schnell entscheiden zu müssen, bedeutet nichts weniger als einen Paradigmenwechsel bei der Auswahl und im Training unserer Führungselite.

Wir analysieren uns zu Tode

In den zurückliegenden Jahrzehnten lag der Schwerpunkt von Leadership-Programmen und unternehmensinternen Führungskräftetrainings selten auf den Themen „Entscheidungskraft" und „Entscheidungswille". Und der Umstand, dass sich viele Konzerne auf der Führungsebene mit ehemaligen Strategieberatern von McKinsey, BCG oder Bain vollgesogen haben, hat sicherlich die Analysefähigkeit in den Firmen erhöht, der Entscheidungsfreude wurde damit aber wahrscheinlich ein Bärendienst erwiesen.

Kurzum: Unter wirklichem Zeitdruck entscheiden, das mussten Führungskräfte in der Wirtschaft in den zurückliegenden Dekaden kaum. Deswegen ist diese Fähigkeit in den Reihen der Führer und des Führungsnachwuchses auch wenig trainiert. Dieser Muskel ist schwach.

Wie die Bekenntnisse von Franz Fehrenbach und Wolfgang Reitzle aber zeigen: Gut aufgestellte Unternehmen haben nach der Finanzkrise und Fukushima den Schuss gehört und arbeiten daran, die Kehrtwende vom Planen zum Gestalten hinzubekommen. Die Stellschrauben dafür sind zwei: Wollen und Können.

Entscheiden wollen

„Der eine wartet, dass die Zeit sich wandelt, der andere packt sie kräftig an und handelt." Diese zwei Antipoden, die in fast jeder Organisation wirken, lassen sich kaum trefflicher beschreiben, als dies der große italienische Dichter Dante Alighieri bereits vor mehr als 600 Jahren getan hat.

Ausschlaggebend für die Agilität und Flexibilität einer Organisation ist zunächst das Klima, die gelebte Kultur. Es hilft in der Regel nichts, wenn an der Spitze eine Führungskraft steht, die entschlossen und mutig entscheidet, wenn es ihr jedoch nicht gelingt, auch ihre Truppen dazu zu bringen, es ihr gleichzutun.

Viele Führungskräfte hängen in ihrer Ungeduld ihre Mannschaft ab. Um eine mutigere Entscheidungskultur in einer Organisation zu verankern, reicht es leider nicht, wenn das oben vorgelebt wird. Die Frau oder der Mann an der Spitze müssen sich selbst mit nachdrücklicher Geduld darum kümmern, dass die Voraussetzungen für beherztes Entscheiden geschaffen werden.

Namentlich geht es um zwei Dinge. Erstens, es muss allen Mitarbeitern klar sein, dass ordentlich vorbereitete Entscheidungen, die schnell getroffen werden, positiv sanktioniert werden. Und perfekt vorbereitete Entscheidungen, die sich aber ewig hinziehen, negativ sanktioniert werden. Am leichtesten erzieht man seine Truppe dazu, indem man extrem kurze Fristen für Analyse und Entscheidungsvorbereitung vorgibt. Die Corona-Krise hat nun vor Augen geführt, wie kurzfristig manche Dinge entschieden werden können. Ich habe erlebt, dass hier Projekte innerhalb von zehn Tagen finalisiert und umgesetzt wurden, an denen die entsprechende Firma davor zwei bis drei Jahre herumlaboriert hat. Namentlich Digitalisierungsprojekte, die plötzlich überlebenswichtig wurden.

Aufschlussreich ist in diesem Zusammenhang eine Anekdote aus dem Umfeld von Papst Franziskus. Als der von ihm eingesetzte Kardinalsrat, der die Reform der Kurie vorantreiben soll, erstmals zusammentrat, wurde anschließend dem Heiligen Vater vorgetragen und – ob der Größe der Aufgabe – ein Folgetermin in einigen Monaten vorgeschlagen. Der Papst zeigte sich zufrieden mit den ersten Arbeitsergebnissen, äußerte aber seinen Unmut über die Gemächlichkeit des Prozesses und bestellte die Eminenzen kurzerhand in wenigen Wochen wieder ein. Über Jahrhunderte galt im Vatikan der Satz „Noi, ci pensiamo in secoli" („Wir denken in Jahrhunderten"). Die Taktung hat sich nun offenbar unter dem neuen Pontifex beschleunigt.

Ähnlich ging auch der Vorstandsvorsitzende eines großen deutschen Konzerns vor. Er verschreckte seine Vorstandskollegen, als er ankündigte, innerhalb von 14 Tagen im Rahmen eines „Management Appraisals" zu analysieren und zu entscheiden, wer von den Top-100-Führungskräften seine Aufgabe behält. Um anschließend dem einen Drittel an Top-Managern, die ihre Funktion behielten und das Unternehmen nicht verlassen mussten, wiederum 14 Tage Zeit zu geben, deren Führungsteams entsprechend zu durchforsten. Das mag unmenschlich klingen. Ist es aber nicht. Denn, so formulierte es unlängst ein lutherischer Landesbischof: „Das schnelle klare Nein ist das barmherzigste."

Entscheiden können

Es gibt wenige berufliche Zünfte, deren Mitglieder ihrer Aufgabe ohne jegliche systematische Ausbildung nachgehen. Die sogenannten Entscheider gehören dazu, zumindest in der Wirtschaft. Entscheider oder gar Top-Entscheider werden im Laufe ihrer Karriere auf vieles systematisch vorbereitet: Sie lernen Bilanzen zu lesen, errechnen Finanzkennziffern; sie bekommen bereits an der Hochschule Portfolio-Matrizen, SWOT-Analyse und Five Forces eingetrichtert. Nur eines wird ihnen – klammert man sporadische Ausflüge in die Spieltheorie aus – in der Regel nicht vermittelt: strukturiert zu entscheiden.

Nirgendwo wird so unsystematisch und unstrukturiert entschieden wie in den Führungsetagen der Wirtschaft. Da werden – was im Militär zum Grundbesteck gehört – Lagefeststellung und Lagebeurteilung nicht getrennt. Da gibt es keine gemeinsame präzise sprachliche Basis; so reden Manager meist von mehreren Alternativen, wiewohl der Wortstamm schon klarmachen sollte, dass es nur zwei geben kann. Entweder-oder halt. Was die Manager meinen, sind natürlich Optionen. Man darf die Entscheidungen in der Wirtschaft nicht an der sprachlichen Präzision und Stringenz des Entscheidungsweges messen. Aber ist das schlimm? Die deutschen Unternehmen stehen doch im weltweiten Vergleich immer noch sehr gut da. Wir sind doch das Land der „Hidden Champions". Das ist alles richtig. Aber nicht, weil so gut entschieden, sondern obwohl so unprofessionell entschieden wird.

Wer darf mit dem Bauch entscheiden?

Ein näherer Blick auf die Entscheidungsqualität in der deutschen Wirtschaft enthüllt freilich, dass die Unternehmenswelt – die Betrachtung ist gewiss ein wenig holzschnittartig – in zwei Teile zerfällt: Unternehmen, bei denen sogenannte Bauchentscheidungen verpönt sind, und Unternehmen, bei denen Bauchentscheidungen regelrecht kultiviert werden, also Großkonzerne auf der einen Seite und mittelständische Unternehmen auf der anderen.

Die schlechtesten Entscheidungen werden, wenn dort überhaupt entschieden wird, in vielen Großkonzernen getroffen. Denn dort machen analytisch hochgerüstete Strategiestäbe, deren Mitarbeiter zwar blitzgescheit, aber meist marktfern sind, die Entscheider nach wie vor glauben, dass die Entscheidungsqualität vor allem von einer akribischen Analyse der Fakten und der Anwendung kluger theoretischer Modelle abhängt. Dass viele Planungsmodelle inzwischen völlig aus der Zeit gefallen sind, weil sie nicht mehr auf eine extrem volatile Umwelt passen, kann und will man vielerorts nicht wahrhaben. Der Vorstandschef eines Medienhauses sagte mir einmal: „Nirgendwo sonst wurden neue Titel so intensiv geprüft und analysiert wie bei uns. Und nirgendwo sonst wurden so wenige eingeführt."

Erschreckend ist auch der Blick auf eine (ehemalige) Perle der deutschen Industrie: ThyssenKrupp. Der Stahlkonzern ist inzwischen zu einem Symbol für mangelnde Handlungskraft geworden: Das Abenteuer in Brasilien offenbarte, dass es der Unternehmensführung an jeglicher Aufmerksamkeit für die Entwicklungen auf den Weltmärkten fehlte; die Hängepartie seither zeigt die mangelnde Agilität von Vorstand und Aufsichtsrat, richtungsweisende Entscheidungen zu treffen und umzusetzen. Zunehmend paralysiert wirkt auch die Automobilindustrie, die durch multiple Bedrohungen wie Digitalisierung, Marktveränderungen in China, Strafzölle aus den USA, neue Antriebstechnologien und Klima-Debatte überfordert scheint. Spricht man mit den „Auto guys", wie sich die Top-Manager dort gerne nennen, so spürt man im Wesentlichen eine Sehnsucht: Man will zurück in die gute alte Welt von gestern, mit sicheren Rahmenbedingungen. Die Autobosse glauben immer noch daran, dass man mit gutem Management alles unter Kontrolle bringen kann. So betonte VW-Chef Herbert Diess nach Ausbruch der Corona-Krise: „Wir sollten uns jetzt darauf konzentrieren, die Pandemie unter Kontrolle zu bekommen. Und dann laufen wir schon hoch." Also nur eine kleine Störung im Betriebsablauf, dann wieder „business as usual".

Mein Appell an die Konzerne: Stellen Sie sich auf Jahre der Ungewissheit ein. Lassen Sie den Gedanken zu, dass Sie bestimmte Entwicklung nicht so schnell unter Kontrolle bekommen. Und: Betreiben Sie jetzt analytische Abrüstung. Brillante Planungskapazitäten helfen Ihnen in den nächsten Jahren nicht weiter. Sie brauchen Manager, die die Lage schnell erfassen und dann kraftvoll handeln.

Wahrscheinlich braucht es in den nächsten Jahren weniger Brain und mehr Bauch. Bauchentscheidungen sind in Zeiten der Ungewissheit besser als hochanalytische Entscheidungen auf der Basis realitätsferner Modelle.

Einer der intellektuellen Vorkämpfer für Bauchentscheidungen ist Gerd Gigerenzer, der langjährige Direktor des Max-Planck-Instituts für Psychologische Forschung. Am Beispiel der Finanzindustrie macht er klar, wo heute die Grenzen der bisherigen Entscheidungsmechanismen liegen: „Es wird manchmal kritisiert, die Banken spielten im Kasino. Wenn das nur so wäre! Dann könnte man die Risiken berechnen. Dies mag in der ‚guten alten Zeit‘ des 3–6–3 Geschäftsmodells noch der Fall gewesen sein: Zahle 3 Prozent Zinsen, nehme 6 Prozente für Kredite, und sei um 3 Uhr auf dem Golfplatz. Aber seit den 80er-Jahren haben Entwicklungen wie komplexe Derivate, wachsende globale Vernetzung, kurzfristigere Planung und Abkopplung von Entscheidung und Haftung dazu geführt, dass die Unvorhersehbarkeit zugenommen hat. In dieser unsicheren Welt scheitert die klassische Finanztheorie als Lösung – sie ist vielmehr Teil des Problems geworden.“

Gigerenzer warnt davor, dass solche Modelle „illusorische Gewissheit“ vermitteln und den Anschein erwecken, dass man Risiken durch eine einzige Zahl ausdrücken könnte, ohne viel vom Markt zu verstehen. „Die Rolle der Erfahrung, bewusst oder intuitiv, wird so weiter in den Hintergrund gedrängt. Hätte man auf die gute Intuition eines erfahrenen Schweizer Bankers vertraut, statt auf irreführende Risikomodelle und Ratings, wäre die Krise so nicht passiert."

Obschon spätestens in der Finanzkrise 2008/2009 deutlich wurde, wie gefährlich die „illusorische Gewissheit" ist, die von den Modellen der Finanzindustrie vermittelt wird, haben sich viele Akteure auch im Vor- und Umfeld der Corona-Krise wieder auf die „Expertise" der Finanzinstitute verlassen. Und wieder waren die Finanzinstitute die Letzten, die den Ernst der Lage erfasst haben. Wenigstens einer der führenden Köpfe hat aber wohl gelernt: Josef Ackermann. Der ehemalige CEO der Deutschen Bank beeilte sich im März 2020 als Erster aus der Top-Liga der Wirtschaftsführer zu warnen: „Als die Coronavirus-Epidemie in China ausbrach, war mir schnell klar, dass das für die ganze Welt auch wirtschaftlich gewaltige Dimensionen hat. Ich bin mir daher sicher, dass es eine Rezession geben wird." Ackermann ist freilich ein gebranntes Kind, denn die Finanzkrise 2008 hatte er verschlafen. Und auch als sich schon die Kreditausfälle massierten, beschwichtigte der Deutsche Bank-Chef noch im September 2007: „Zu übertriebener Sorge oder gar Panik besteht jedoch kein Anlass." Eine verheerende Fehleinschätzung.

Gerade in der Finanzindustrie lässt sich zeigen, dass die Banken und Versicherungen, in denen „schlechtes Bauchgefühl" als Argument ernst genommen wurde, heute weniger Risiken in der Bilanz stehen haben als Institute, die stur irgendwelchen Risikomodellen folgten. So lehnte es das Schweizer Bankhaus Vontobel stets ab, mit dem US-amerikanischen Finanz- und Börsenmakler Bernard Madoff zusammenzuarbeiten. Aus dem Bauchgefühl heraus. Fast alle anderen großen Finanzinstitute boten ihren Kunden dessen Anlageprodukte an. 2008 wurde Madoff wegen Betrugs verhaftet. Der von ihm verursachte Schaden lag bei irgendwo zwischen 50 und 65 Mrd. US-Dollar.

Im unternehmerischen Mittelstand sind Bauchentscheidung von jeher an der Tagesordnung. Insbesondere in Firmen, die (noch) von ihren Gründern geführt werden. Nehmen wir einmal exemplarisch die Geschäftsführung eines mittelgroßen Familienunternehmens im Maschinenbau, die bis spät in die Nacht diskutiert, ob man eine große Akquisition im Ausland machen soll oder nicht. Am Ende sind drei der Geschäftsführer dafür, nur einer gibt zu Protokoll, dass er ein schlechtes Bauchgefühl habe. Wie geht man als Vorsitzender der Geschäftsführung mit so einer Situation um? Gerd Gigerenzer sagte dazu: „Es gibt kein Patentrezept, aber die Forschung sagt uns, was man nicht tun sollte: den Kollegen fragen, was denn seine Gründe für das negative Gefühl seien. Denn er wird es nicht wissen. Vielmehr sollte man eine andere Frage stellen, und nicht an ihn. Ist er unter uns derjenige mit der größten Erfahrung auf dem betreffenden Gebiet? Falls ja, dann verzichten wir auf weitere Fragen und suchen uns eine andere Investitionsmöglichkeit."

Dass im Fall von komplexen Entscheidungen unter Zeitdruck Erfahrung und Intuition häufig technischen Modellen und Methoden überlegen sind, zeigt sich auch in der Medizin. Gigerenzer beschreibt hier den Fall, wo ein Mann mit Schwindel und Erbrechen in die Notaufnahme einer Klinik gebracht wird: Verdacht auf Schlaganfall. Die klassische Untersuchung, die sogenannte HINTS-Methode, erfolgt am Krankenbett, dauert eine Minute und braucht nicht mehr als einen erfahrenen Arzt. Die Alternative dazu ist die sogenannte Magnetresonanztomographie (MRT). Die dauert wesentlich länger und braucht aufwendige technische Apparaturen. Dafür ist sie aber mit Sicherheit präziser – denkt man. Das Gegenteil ist der Fall: So zeigte eine Studie mit 101 Patienten, dass die erfahrenen Ärzte alle 76 Schlaganfälle richtig identifizierten, wohingegen die MRT acht der Schlaganfälle nicht erkannte. Das Beispiel zeigt, dass Entscheidungen, die vermeintlich mit dem Bauch, also via Intuition gefällt werden, natürlich auch einer gewissen inneren Logik folgen. Diese Logik speist sich entweder aus langer Erfahrung. Oder sie wurde im Vorfeld sehr strukturiert eingeübt.

Eine wichtige Erkenntnis der Wissenschaft ist auch, dass Entscheidungen keineswegs besser werden, wenn man mehr Zeit dafür hat. Häufig ist sogar das Gegenteil der Fall. Warum das so ist, illustriert Philipp Meissner von der Business School ESCP Europe, der sich wissenschaftlich intensiv mit Entscheidungsfindung befasst, in seinem Buch „Entscheiden ist einfach". Wesentlich ist hier das „Parkinson'sche Gesetz". Dieses besagt, dass wir für etwas genau so lange brauchen, wie wir glauben, dafür Zeit zu haben. Jeder von uns kennt den heilsamen Effekt von fixen Abgabeterminen. Und wie von Wunderhand werden die

Sachen zu der Deadline dann auch meist fertig. Ähnlich verhält es sich mit Entscheidungen, auch diese können vernünftig getroffen werden, fast unabhängig vom vorgegebenen Zeitfenster. In der Corona-Krise wurde das besonders deutlich. Sei es auf politischer Ebene, wo innerhalb weniger Stunden in Bundestag und Bundesrat über das milliardenschwere Gesetz zum Kurzarbeitergeld entschieden wurde. Oder in der Unternehmenswelt, wo innerhalb weniger Tage Digitalisierungsmaßnahmen entschieden und umgesetzt wurden, über die man vorher bereits mehrere Jahre diskutiert hatte. Eine Lehre kann man aus der Corona-Krise bereits heute ziehen: Entscheidungen, selbst von größter Tragweite, können alle innerhalb von maximal zwei Wochen getroffen werden.

Entscheidungsmuskel trainieren

Wer dafür Sorge tragen will, dass seine Führungspersönlichkeiten nicht nur entscheiden wollen, sondern in anspruchsvollen Zeiten wie diesen auch professionell entscheiden können, sollte die Leute daraufhin trainieren. Und dort Wissen saugen, wo professionelle Entscheidungsfähigkeit im wahrsten Sinne des Wortes überlebenswichtig ist: bei Notfallmedizinern, Piloten und Militärs. In keinem der genannten Bereiche käme man ernstlich auf die Idee, dass es doch ok ist, wenn jedermann seinen ganz individuellen Entscheidungsstil entwickelt und kultiviert; auf dem Weg zu seinem Entschluss ganz eigenen Regeln folgt. Wer im Nebel der Ungewissheit operiert, dessen Entscheidungen müssen für sein Umfeld berechenbar und nachvollziehbar sein. Wie anspruchsvoll das ist, merken die Unternehmen, wenn sie mit dem ersten massiven

Cyber-Angriff umgehen müssen. Und alle Firmen spüren das im Zuge der Corona-Krise.

Vor einigen Jahren kam bei einem tragischen Rennunfall der Erbprinz des fürstlichen Hauses Löwenstein-Wertheim-Rosenberg, das u. a. umfangreich in Forst, Immobilien und Weinbau investiert ist, ums Leben. Über Nacht stand die junge Witwe, Prinzessin Stephanie, in der Verantwortung für den Besitz. Die Mutter von vier kleinen Kindern hatte bis dahin mit der Führung des Unternehmens wenig zu tun, sie war als Kinderchirurgin tätig. Notgedrungen hängte sie den Arztkittel an den Nagel und übernahm die Führung im Unternehmen. Interessant ist das Kompliment, das heute von ihrem Schwiegervater Fürst Alois, der selbst lange an der Spitze stand, kommt: „Medizinerin und Frau, das ist eine fast unschlagbare Kombination. Frauen sind Weltmeister in Sachen Komplexitätsbewältigung. Mediziner sind trainiert, blitzschnell und systematisch eine Lage zu analysieren – und dort sofort klar zu entscheiden. Damit hat Stephanie den meisten Managern einiges voraus. "

Inzwischen haben einige in der Wirtschaft erkannt, dass es in Zeiten der Ungewissheit insbesondere den Entscheidungsfähigkeitsmuskel zu trainieren gilt. Und man sich dabei gut an den Trainingsmethoden von Medizinern, Piloten und Militärs orientieren kann. So macht es zum Beispiel der Konsumgüterhersteller Henkel. Die oberste Führungsspitze des Unternehmens geht dabei voran. Teile des Aufsichtsrats und das Top-Management ließen sich in echte Flugsimulatoren sperren, wo sie ein Team um einen erfahrenen A 380-Piloten in eine Situation versetzte, die von allen Beteiligten als hoch komplex und psychologisch anspruchsvoll bewertet wurde. Bei dieser Art Training müssen dann jeweils Dreierteams – ohne Hilfe und nur mit einem abgespeckten Handbuch – das Flugzeug in die Luft bringen und gemeinsam durch schwierige Lagen steuern. Beim Entscheidungs- und Führungsprozess werden die Manager beobachtet, und es wird professionell ausgewertet, wie der Einzelne und die Gruppe unter hohem Druck entscheiden. Inzwischen kann mit entsprechender Spracherkennungssoftware auch illustriert werden, in welchen Phasen der Simulation die einzelnen Teilnehmer besonders unter Stress standen. Selbst begleitet habe ich das Top-Management eines anderen Großunternehmens in einem Workshop, in dem ein Kommandeur, der in Afghanistan eine große risikoreiche Operation kommandierte, mit den Kollegen aus der Wirtschaft über Struktur und Psychologie von Entscheidungen unter hohem zeitlichen und medialen Druck diskutierte.

Egal ob in Medizin, Militär, Luft- oder Raumfahrt: Entscheidend für professionelle Agilität auch in komplexen und drängenden Situationen ist es, dass das Team im Vorfeld mit einem standardisierten Entscheidungssystem Methoden der strukturierten Entscheidungsfindung kennenlernt.

Wichtig ist ein gemeinsames Grundverständnis aller Beteiligten über Ablauf, Bestandteile und Zeithorizont einer Entscheidung. Ein gutes Raster ist beispielsweise das in der Fliegerei übliche FOR-DEC-Verfahren.

- Facts – Welche Situation liegt vor?
- Options – Welche Handlungsoptionen bieten sich an?
- Risks+Benefits – Welche Risiken und Vorteile sind mit den jeweiligen Handlungsoptionen verbunden?
- Decision – Welche Handlungsoption wird gewählt?
- Execution – Ausführung der gewählten Handlungsoptionen?
- Check – Führt der eingeschlagene Weg zum gewünschten Ziel?

Der ein oder andere von Ihnen mag nun einwenden, dass auch er und sein Team im Prinzip ja so oder so ähnlich vorgehen. Aber genau dort liegt das Problem: „so, oder so ähnlich." Das entscheidende bei Entscheidungen unter Unsicherheit und Zeitdruck ist, dass die Führung sich eben stoisch und kompromisslos genau an diesen Ablauf hält. Und jeden Punkt nacheinander abarbeitet. Gerade in der Luftfahrt gibt es genügend empirische Evidenz, dass auch nur die kleinste Abweichung davon zur Katastrophe führen kann.

Ein ähnliches Verfahren ist eine vom amerikanischen Militärstrategen John Boyd entwickelte Entscheidungsschleife mit dem Namen „OODA-loop". Der Begriff ist ein Akronym für Observation, Orientation, Decision, Action – also Beobachten, Orientieren, Entscheiden, Handeln.

Derjenige Entscheider, der den OODA-Loop schneller durchläuft als sein Gegner, kann einen Vorteil erringen. Denn durch das eigene Handeln (am Ende der Entscheidungsschleife) beeinflusst man die Situation, während der Gegner noch damit beschäftigt ist, die alte Situation zu verarbeiten. In der Literatur wird darauf verwiesen, dass sich diese Idee, nämlich durch Schnelligkeit einer Handlung bzw. Antäuschen einer Handlung den Gegner zu überraschen, bereits im frühesten aller militärischen Strategielehrbücher, nämlich „Die Kunst des Krieges" des chinesischen Generals Sun Tzu, wiederfindet. Und heute ist sie wieder brandaktuell, wie die Harvard Business Review in dem bereits erwähnten Artikel „Strategy for Turbulent Times" feststellt. Unternehmen müssen sich von der Vorstellung verabschieden, dass es so etwas wie langfristige Wettbewerbsvorteile gibt, und ihre Fähigkeit ausbauen, den Wettbewerb durch Wendigkeit und

Schnelligkeit in ihrem Sinne zu beeinflussen: „The dominant idea in the field of strategy – that success consists of establishing a unique competitive position, sustained for long period of time – is no longer relevant for most businesses. They need to embrace the notion of transient advantage instead, learning to launch new strategic initiatives again and again, and creating a portfolio of advantages that can be built quickly and abandoned just as rapidly. Success will require a new set of operational capabilities."

Die Welt der Ungewissheit braucht ein neues Set an operativen Fähigkeiten. Führungskräfte müssen heute Risiken schneller erkennen und bekämpfen, sie müssen Chancen rascher identifizieren und ergreifen. Dafür braucht es „professionelle Agilität". Diese ist nicht angeboren, und sie fällt auch nicht vom Himmel. Sie muss regelmäßig trainiert und strukturell in der Organisation verankert werden.

Feuer im Gefechtsstand

Das Datum war zwar zufällig gewählt, hatte aber enorme Symbolkraft. Am 11. September 2012 rollte nach Einbruch der Dunkelheit eine schwere Limousine nach der anderen auf den Vorplatz eines Dax-30-Konzerns. Den Fahrzeugen entstiegen die namhaftesten Vorstandsvorsitzenden und Aufsichtsratschefs der Deutschland AG. Eine Dame und etwa 20 Herren passierten anstandslos eine Sicherheitsschleuse im Eingangsbereich des Gebäudes, die an den Security-Check in einem Flughafen erinnert. Sodann wurden sie zügig in die Kellerräume geführt, wo ihnen in einem kleinen fensterlosen Raum einer der Barhocker zugewiesen wurde, die im Halbrund aufgestellt waren. Von dort sah man auf einen Schreibtisch mit einem PC-Bildschirm, einem Festnetztelefon und zwei Mobiltelefonen. An diesem Schreibtisch nahm einer der Vorstandsvorsitzenden Platz, das Licht wurde heruntergefahren, und auf einem großen Plasmabildschirm an der Wand wurde für alle

Teilnehmer ersichtlich eine Mail eingeblendet, die den Mann am Schreibtisch in dieser Sekunde erreichte: ein Link auf eine Videobotschaft der Aktivistengruppe Anonymous, die das Unternehmen des CEOs erpresste. Kaum hatte der CEO das Video auf YouTube angesehen, stürmte sein Systemadministrator in Vertretung des im Ausland weilenden IT-Vorstands herein und berichtete, dass es massive Denial-of-Service-Angriffe auf das Netz des Unternehmens gebe. Dem CEO am Schreibtisch und den Teilnehmern auf ihren Barhockern wurde klar: Wir befinden uns mitten in einem massiven Cyber-Angriff. Auch für die Dax-30-Granden war diese Cyber-Angriff-Übung die erste ihrer Art. Der angegriffene CEO musste sich in kurzer Taktung mit Mails, Anrufen und Dokumenten beschäftigen, diese bewerten, entscheiden, wen er als Ratgeber braucht – dann aber Entscheidungen treffen. Und je nachdem, wie er entschied, war der Fortgang der Cyber-Simulation. In einer Stunde Spielzeit waren Fälle und Störung verarbeitet, die in den vergangenen Jahren allesamt real vorgekommen sind. Im Anschluss gab es ein ausführliches Debriefing über die Art und die Inhalte der verschiedenen Entscheidungen. Bei dieser Übung war als „Senior Mentor" der Cyber-Koordinator von US-Präsident Obama anwesend, der mit den hochrangigen Vertretern aus der Großindustrie die Auswertung vornahm.

In der Welt des Militärs spricht man von Wargaming, wenn man Führungskräfte in möglichst realitätsnahen Szenarien für künftige reale Entscheidungssituationen fit macht. In der Wirtschaft wird dieser Ansatz bisher (zu) wenig genutzt. Die Bedeutung von Wargaming auch für die Wirtschaft betont indes der ehemalige stellvertretende NATO-Kommandeur in Europe, General Sir Richard Shirreff, der heute weltweit Top-Manager in entsprechenden Übungen begleitet: „Assuming he or she has the time, no military commander would launch a complex operation without subjecting the plan to the rigour of war-gaming; a formal process in which a red team, formed from the free-thinkers in the team, acts as the enemy to stress test and evaluate plans, to expose unidentified risks and potential opportunities. War-gaming provides a structured but intellectually liberating safe-to-fail environment to help explore what works (winning/succeeding) and what does not (losing/failing). It helps to spot weaknesses, identifies risks and ensures the necessary contingency plans or mitigation strategies are put in place. Clearly, business leaders are not facing an enemy in the same way that a military commander might. However, they will face friction, the law of unintended consequences and Murphy's Law which dictates that if anything can go wrong, it will, and at the worst possible time. Rigorous war-gaming with a red team may minimise the risks of this happening and will certainly ensure you are better prepared for when it does."

Diese Art von Simulation ist nicht auf das Thema Cyber-Sicherheit beschränkt. Mit Wargaming kann auch die Reaktionsfähigkeit von Entscheidern oder vom Entscheidungsgremium bei Themen wie Produktrückruf, Compliance oder Erpressung durchgespielt werden. Warum das sinnvoll ist? Zwei Gründe: Einerseits kann mit dieser Methode überprüft werden, wie gut ein Unternehmen inhaltlich bei einem Thema aufgestellt ist. Werden die richtigen Fragen gestellt? Haben wir die nötige Kompetenz im Haus? Wie laufen die Alarmierungsketten? Andererseits, und das ist wichtiger, kann bei dieser Gelegenheit unter kompetenter psychologischer Begleitung analysiert werden, wie professionell ein Manager bzw. eine Gruppe von Managern entscheidet. Kommt es rasch zu schädlichen „Group think"-Phänomenen, welche Charaktermerkmale treten mit zunehmendem Druck deutlicher zu Tage, wie sind informelle Machtstrukturen?

Auf Vorstands- und Aufsichtsratsebene ist es unverantwortlich, wenn die Entscheidungsfähigkeit von Teams das erste Mal in realen Krisensituationen auf die Probe gestellt wird. Außerdem vergeben Top-Manager die Chance, ganz generell ihre Agilität zu professionalisieren und zu optimieren. Nicht wenige Führungsgremien werden sich nun geärgert haben, dass sie die eigentlich für jedes größere Unternehmen vorliegenden Pandemiepläne nicht beübt haben. Es bleibt zu hoffen, dass sie daraus gelernt haben und nun dem Rat von General Shirreff folgen: „Now is the time to be thinking about the next stage of managing the COVID-19 crisis: establishing priorities and ensuring ongoing business continuity in which Coronavirus could be with us in one form or other for months or even a year or more to come. This is where wargaming can help stress test and evaluate plans, expose unidentified risks and potential opportunities."

Haltung: Absicht und Authentizität

> *„Eigentlich bin ich ganz anders, nur komme ich so selten dazu."* (Ödön von Horváth)

Jeweils im September versammeln sich für einige Tage zwölf junge Vorstände und Geschäftsführer und zwölf junge Admiral- und Generalstabsoffiziere für eine gemeinsame Übung namens „Commander's Intent" – und durchleben zusammen komplexe Führungssituationen. Das Format haben der Aufsichtsratschef der Commerzbank, Klaus-Peter Müller, und ich 2010 aus der Taufe gehoben, um Führungspersönlichkeiten aus zwei sehr verschiedenen Welten aufeinander loszulassen und zu schauen, wie diese gemischte Gruppe in Stresssituationen reagiert. Und mit der leisen Hoffnung, dass langfristige Bande zwischen diesen beiden – in Deutschland sehr getrennten – Funktionseliten entstehen. Genau zehn Jahre später zeigt sich nun im Zuge der Corona-Krise, wie wichtig eingespielte Abläufe und persönliche Kontakte zwischen Militär und Wirtschaft sein können. Ein General, der mehrfach an „Commander's Intent" teilgenommen hat, leitet nun den Stab, der bundesweit alle Hilfsleistungen der Bundeswehr in der Corona-Krise koordiniert.

Im ersten Jahr reisten die Teilnehmer von „Commander's Intent" an, ohne zu wissen, was sie erwartet. Sie bekamen dann ohne Ankündigung spät abends – jeder hatte schon das ein oder andere Bier zu sich genommen – ein rund 300 Seiten dickes Handbuch ausgeteilt mit den umfangreichen Spielregeln für ein sogenanntes Wargame, das anderntags um 8 Uhr beginnen würde. Wir teilten die Teilnehmer in Gruppen auf und baten diese sicherzustellen, dass sie am nächsten Morgen alle die Regeln draufhaben und „gefechtsbereit" sind.

In diesem Wargame wurden zwei Schlachten aus den punischen Kriegen – Rom gegen Karthago – nachgespielt. Da auch deutsche Generalstäbler die Marschgeschwindigkeit von Elefanten und die Kampfkraft leichter römischer Infanterie nicht (mehr) kennen, hatten die Militärs keine Startvorteile gegenüber den Zivilisten.

Jede Seite hatte jeweils 20 Minuten Zeit, um in einem separat untergebrachten Stab den nächsten Spielzug vorzubereiten. Diese Zeit schrumpfte im Verlauf des Spiels auf zehn Minuten. Am Schlachtfeld selbst standen auf jeder Seite drei Abschnittskommandeure und ein Oberbefehlshaber. Psychologen beobachteten und bewerteten das Spiel- und Führungsverhalten der Gruppen und der einzelnen Akteure.

Zwei Dinge sind an dieser Stelle erwähnenswert. Erstens: Schon nach 15 Minuten waren alle Teilnehmer – auch jene, die bis zum Spielbeginn durch ständiges Äugen auf ihr Smartphone unterstrichen, dass sie für derlei „Spielchen" eigentlich viel zu beschäftigt, viel zu wichtig sind – tief in das Wargame versunken und ignorierten gänzlich ihre elektronischen Wegbegleiter bis zum Ende der Übung.

Zweitens – und das ist der zentrale Punkt an dieser Stelle – konnte man in der Übung lernen, wie eine Führungskraft in einer komplexen Lage sich zu artikulieren und zu kommunizieren hat: Über die drei Tage zeigte sich sehr deutlich ein gravierender Unterschied im Führungsverhalten von Militärs und Managern. Konkret: Die Wirtschaftsleute nutzten von den zur Verfügung stehenden 20 Minuten etwa 19 Minuten, um die bestmögliche Lösung zu diskutieren. Jeder brachte sich mit einer noch brillanteren Idee ein. Für die Formulierung des Befehls blieb dann meist gerade noch eine Minute. Gleichwohl war der Befehl dann meist extrem kleinteilig formuliert, etwa: „Abschnittskommandeur C, ziehe bitte leichte Infanterie von Spielfeld c4 nach h7."

Bei den Militärs legte der Oberbefehlshaber, zu dem von der Gruppe übrigens eine junge Frau Oberstleutnant im Generalstab bestimmt wurde, eingangs fest, dass der Stab zehn Minuten um die beste Lösung ringen dürfe. Dann entschied der Oberbefehlshaber. Danach wurden die verbleibenden zehn Minuten genutzt, um zu kommunizieren, was man erreichen will. Der Befehl lautete also eher: „Absicht ist es, die gegnerische leichte Infanterie nach und nach durch leichte Kavallerie einzukreisen und von den restlichen Truppen zu trennen. Hierfür schlagen wir vor, die leichte Kavallerie von d9 nach j9 zu verlegen. Der Kommandeur vor Ort hat aber freie Hand."

Sie merken den Unterschied? Und Sie ahnen, was passierte? Im Lager der Zivilisten gab es schon nach kurzer Zeit eine Meuterei unter den Abschnittskommandeuren, die die Strategie des Stabes nicht nachvollziehen konnten –

und am Ende dann einfach ihr Ding machten. Die von den Managern dominierte Gruppe verlor beide Schlachten.

Sind Militärs also bessere Führer? Nein, aber in zweierlei Hinsicht sind sie sicherlich den meisten Managern überlegen:

- Sie sind in der Lage – und sind dafür von allem Anfang an ausgebildet worden – ihre Führungsabsicht („Strategic Intent", „Commander's Intent") klar und deutlich zu formulieren. Und zwar so, dass es jedermann kapiert. Vom ehemaligen NATO-Vier-Sterne-General Wolf-Dieter Langheld stammt der einprägsame Satz: „Der Hund vom Hausmeister muss es verstehen."
- Sie wissen um die Wichtigkeit einer sorgfältigen Kommunikation der Führungsabsicht bis ins letzte Glied der Organisation. Man spricht von „Landser-Lage".

Die Obsession fürs Gewinnen

Theoretisch ist die Wichtigkeit einer präzise formulierten und umfassend kommunizierten Führungsabsicht auch in der Wirtschaftswelt bekannt. Schon im Mai 1989 wies die Harvard Business Review in einem epochalen Aufsatz mit dem Titel „Strategic Intent" mit Nachdruck darauf hin, dass Unternehmen, deren Leitung eine „klare Absicht" formuliert und kommuniziert hat, deutlich erfolgreicher sind als andere:

„Unternehmen, die in den letzten 20 Jahren eine globale Vorreiterschaft errungen haben, begannen ausnahmslos mit Ambitionen, die in keinerlei Verhältnis zu deren Ressourcen und Fähigkeiten standen. Aber sie erzeugten eine Obsession fürs Gewinnen auf allen Ebenen des Unternehmens in einem zehn- bis zwanzigjährigen

Kampf um Vorreiterschaft. Wir nennen diese Obsession „Strategic Intent".

Als Beispiele werden genannt der japanische Baumaschinenhersteller Komatsu, der einst ein Drittel so groß war wie Caterpillar; Honda, lange deutlich kleiner als American Motors; oder Canon, ein Zwerg gegenüber Xerox. Und doch gelang es allen dreien, aufgrund eines klaren „Strategic Intent", einer klaren Absicht, an den einstmals deutlich überlegenen Wettbewerbern vorbeizuziehen. Beispiele aus jüngerer Zeit sind wohl drei Unternehmen, die weltweit den größten Markenwert auf die Waage bringen: Amazon, Apple, Google. Auch ihnen wird man eine „Obsession fürs Gewinnen" nicht absprechen können. Oder, wie es Winston Churchill einmal formulierte: „Attitude is a little thing that makes a big difference."

Das Leid mit den Leitbildern

Mal langsam, wird der ein oder andere nun einwenden, aber wir haben doch bei uns ein tolles Leitbild. Auf unserer Website stehen Vision und Mission. Mag sein. Aber können Sie in einem Satz zusammenfassen, wohin Ihr oberster Boss wirklich will? Und vor allem: Versteht das auch der Hilfsarbeiter am Band oder die Reinigungskraft, die frühmorgens sauber macht?

Das Gros der Leitbilder, die mir begegnen, ist vor allem eines: austauschbar. Da ist fast immer von Integrität, Verantwortung, Offenheit, Teamgeist die Rede. In der Vision und Mission – meist wird nicht so genau unterschieden, was das eigentlich ist – wird dann der „König Kunde" gepriesen, der Qualität gehuldigt, Innovation angestrebt und natürlich will man irgendwie „eine führende

Position" erreichen. Da man dabei auch irgendwie alle mitnehmen will, schreibt man mal lieber mehr Werte und Ziele ins Leitbild als zu wenige. Neulich war ich bei einem Führungskräftetreffen eines großen Konzerns, dessen Leitbild doch glatt 13 „core values" (Kernwerte) umfasste. Da war sicherlich für jeden Gusto was dabei; nur, als Leitplanke für das Führungsverhalten der Mitarbeiter taugt ein solches Bouquet natürlich nicht.

Vision und Mission – was ist das?

Wie macht man es also richtig, wenn man als Führungspersönlichkeit eine klare Absicht formulieren und kommunizieren will?

Zunächst sollte ich mich mit dem wichtigsten Mittel, das mir für diese Aufgabe zu Gebote steht, intensiv beschäftigen: Sprache. Es ist grausam, wie arglos, ja fahrlässig Führungskräfte heute mit Sprache umgehen. Hinzukommt, dass sich Führungskräfte ab einer gewissen Daseinshöhe – sei es in Militär, Wirtschaft oder Kirche – wie selbstverständlich einer Art Geheimsprache bedienen, die eine fatale Wirkung auf die Untergebenen und die Umwelt hat: Sie grenzt aus. Sie vermittelt das Signal: „Ihr gehört nicht dazu." Die Reaktion von Mitarbeitern und Umwelt, zumal der Medien, darauf ist: „Der ist doch total abgehoben." Übertreibe ich? Dann nehmen Sie doch bitte irgendeine Zeitung oder ein Magazin, das gerade in Reichweite ist, und lesen Sie ein Interview mit einem Top-Manager. Wollen wir wetten, dass Sie dort Wortungetüme finden wie „Synergiepotenziale", „Kernkompetenzen", „Wertschöpfungsketten", „Benchmarking", „Effizienzprogramme" „strategische Erfolgspositionen"? Ganz abgesehen von einer Flut von Anglizismen, die zum Grundwortschatz jedes Managers gehören, angefangen von „Corporate Governance" bis hin zu „KPI" (Key Performance Indicator).

Um es klar zu sagen: Mit derlei Managergequatsche erreichen Sie Ihre Leute nicht. Und nebenbei bemerkt: Sie gehen damit Medien, aber auch Politikern mächtig auf den Zeiger. Einer der Kernsätze des langjährigen Aufsichtsratschefs von BP Europa und der Ruhrkohle AG, Wilhelm Bonse-Geuking, lautet: „Ich weiß nicht, was ich gesagt habe, bevor ich nicht weiß, was ich bewirkt habe." Touché! Im Umkehrschluss heißt das: Wenn Sie nichts bewirken, Ihre Absicht, Ihre Vision in Ihrem Laden keinerlei Traktion erzeugt, dann liegt es nicht immer an der Bräsigkeit und Schwerfälligkeit des Ladens. Sehr häufig liegt es daran, dass nicht klar wird, was Ihre Absicht ist.

Also, erste Empfehlung: Arbeiten Sie hart daran, wieder so zu sprechen wie die Leute auf der Straße. Der Hund vom Hausmeister muss Sie verstehen. Und ermuntern Sie Ihr Umfeld, Sie zu maßregeln, wenn Sie in Ihr altes „Management"- „Nato"- oder „Kleriker"-Speak zurückfallen.

Außerdem: Gerade beim Entwickeln von Leitbildern, Visionen und Missionen kommt es auf sprachliche Präzision an; einfach, aber genau. Das beginnt bei der Verwendung eben dieser Begriffe. Ein Leitbild ist etwas anderes als eine Vision. Und eine Mission ist etwas anderes als eine Vision.

Im Grunde ist die Unterscheidung ganz einfach. Die Vision einer Organisation ist der große Traum, der über die eigene Organisation weit hinausreicht. Die Amerikaner nennen das die BHAGs, die „big hairy ambitious goals". In einem entsprechenden Lehrbuch heißt es dazu:

„There is a difference (...) between merely having a goal and being committed to a huge daunting challenge – such as climbing the Mount Everest. A true BHAG is clear and compelling, serves as a unifying focal point of effort, and acts as a catalyst for team spirit."

Mittels einer Vision wird artikuliert, was eine Organisation zu werden wünscht, wohin sie strebt, wie sie die Welt verändern will. „A core element is a visual image – a mental picture of what the future enterprise or environment will look like (...) The time horizon tends to be middle to long-term in nature (five to twenty years)", heißt es im eingangs erwähnten Führungshandbuch des United States Army War College in Carlisle. Etwas schwärmerischer ist die Definition der Management-Autoren Boyd Clarke und Ron Crossland: „Eine Vision ist eine Liebesaffäre mit einer Idee."

So war Henry Fords Vision nicht, gute Autos zu bauen und damit reich zu werden. Sondern: „build a motor car for the great multitude (...) it will be so low in price that no man making good wages will be unable to own one and to enjoy with his family the blessing of hours of pleasure in Gods great open spaces (...) When I'm through, everyone will be able to afford one, and everyone will have one."

Oder nehmen wir den legendären US-Präsidenten John F. Kennedy. Der hielt sich – neu im Amt – nicht mit Kleinigkeiten auf, sondern formulierte vollmundig seine Vision: „Wir werden Menschen auf den Mond bringen." Dieser eine Satz macht in kürzest möglicher Weise klar, was Anspruch, Absicht und Ambition seiner Präsidentschaft sein würde. Dieser Satz ist nichts anderes als die oben bereits erwähnte „Obsession fürs Gewinnen".

Sony trat nicht an mit der Vision, Unterhaltungselektronik zu bauen, die sich auch in Europa verkauft, sondern deren Vision lautete: „ ... to become the company most known for changing the worldwide poor image associated with Japanese products".

Walmart folgt bis heute der Vision „saving people money to help them live better".

Oder Nike. Deren Vision ist es nicht, Weltmarktführer für Sportartikel zu werden. Der Anspruch geht weit darüber hinaus: „Wenn du einen Körper hast, bist du ein Athlet. Wir werden Athleten helfen zu gewinnen. Solange es Athleten gibt, wird es Nike geben."

Glasklar, wenngleich in ihrer Hybris durchaus beängstigend, ist die Vision von Google: „Google's mission is to organize the world's information and make it universally accessible and useful."

Jürgen Klinsmann trat 2006 nicht an mit der Vision, Fußballweltmeister zu werden, seine Absicht war deutlich breiter. Mit seinem Team prägte er den wunderschönen Satz: „Jedes Kind sollte (wieder) den Wunsch haben, Nationalspieler zu werden."

Im Unterschied zur Vision ist die Mission eher eine Erklärung zum Zweck der Organisation bzw. des Unternehmens und definiert häufig die Geschäftsfelder, in denen man im Wettbewerb steht. So war es natürlich die Mission von Klinsmann und seinem Team die Weltmeisterschaft für Deutschland zu erringen – so wie es die Mission von Nike ist, Weltmarktführer in der Ausstattung von Athleten zu werden.

Fatal ist indes, wenn die Ebenen vermischt werden, was insbesondere in Deutschland häufig aus falscher Bescheidenheit geschieht. Man nimmt lieber den unverdächtigen Begriff Mission. Mit Visionen haben wir Deutschen so unsere Schwierigkeiten, spätestens seit Altbundeskanzler Helmut Schmidt den Begriff lächerlich machte mit dem Satz „Wer Visionen hat, soll zum Arzt gehen". Damit hat Schmidt-Schnauze zumindest der Strategie- und Führungslehre einen Bärendienst erwiesen.

Bei einem Treffen von deutschen Premiumherstellern mit Managern aus der französischen Luxusgüterindustrie in Berlin wurde das Problem der Deutschen mit den Visionen augenscheinlich. In einer Vorstellungsrunde stellten die anwesenden Geschäftsführer und Vorstände deutscher Vorzeigemarken brav ihre Geschäftsmodelle und Unternehmensziele vor, ihre Missionen also. Gegenüber von mir saß der Vorstandschef von Dior, Sidney Toledano, der von Redner zu Redner nervöser wurde, bis ihm irgendwann die Hutschnur riss. Der Franzose unterbrach den Redner, blickte dem Kollegen tief in die Augen und fragte: „Where is your dream?"

Zusammengefasst: Die Kernfrage, die Sie bei der Entwicklung einer Vision für Ihr Haus beantworten sollten, lautet: „Where is your dream?". Die Kernfrage, die Ihre Mission beantworten muss, heißt: „Was und wo ist Ihr Geschäft?"

Und was ist nun das Leitbild? Dies kann entweder ein Papier sein, das Vision und Mission, aber bitte fein säuberlich getrennt, einer Organisation darstellt. Oder der Kanon der wesentlichen Werte, die als Leitplanken das Handeln der Führungskräfte einhegen sollen. Meine Präferenz, und so halten es viele erfolgreiche Unternehmen: Das Leitbild ist aufgebaut aus drei Teilen und umfasst nicht mehr als eine Seite: unsere Vision, unsere Mission, unsere Werte. Und wie gesagt, bitte nicht 13 „core values"! Mehr als drei Werte kann sich eh keiner merken, also sollte man sich zwingen, sich auch auf diese zu beschränken.

Manchen Männern passen Anzüge von der Stange. Die Glücklichen. Andere hingegen, von der Natur nicht mit Gardemaßen gesegnet, suchen besser einen Schneider auf. So ähnlich verhält es sich auch in der Welt der Visionen und Missionen. Es mag sein, dass die eine oder andere Organisation einfach das Leitbild einer anderen abschreiben kann oder sich einen Strategie- oder Markenberater ins Haus holt, der für schönes Geld ein schönes Leitbild runterschreibt. Aber: für die Mehrzahl an Organisationen dürfte das der Holzweg sein.

Hierzu nochmals das Lehrbuch für U.S.-Generale: „The visioning process is a team sport; the strategic leader alone cannot create and communicate an organizational vision."

Kluge Führungspersönlichkeiten haben deswegen inzwischen davon Abstand genommen, Vision und Mission für das Unternehmen mit den klugen Köpfen auf den Teppichetagen zu entwickeln; dann – man muss die ja irgendwie emotional einbinden – das Ersonnene pro forma in einem erweiterten „Executive Committee", Bischöflichen Rat oder Führungskreis, wie auch immer die Runden heißen, zu diskutieren, wo noch dosiert Kritik, vor allem aber hübsche Arabesken angebracht werden, um es schließlich von professionellen Kommunikatoren auf Hochglanz poliert als „unser neues Leitbild" in die Organisation hineinzurufen. Und zu erwarten, dass nun alle Mitarbeiter freudig erregt die Weisheit von oben aufsaugen, um es inskünftig – diesen dummen Spruch kennen Sie sicherlich – „auch wenn Sie nachts um drei geweckt werden", runterbeten zu können.

Mein Eindruck ist, dass in den meisten Organisationen neben dem Oberboss kaum einer weiß, was im Leitbild steht. Genährt wird dieser Verdacht durch eine kleine Übung, die ich jeweils am Anfang von Coachings mache. Ich gebe den fünf engsten Mitstreitern einer Führungskraft drei Kärtchen mit der Bitte, dort aufzuschreiben, wie die Vision lautet, welches das wichtigste Ziel der Führungskraft ist und welches der wichtigste Wert. In aller Regel stehen auf diesen Kärtchen komplett verschiedene Dinge.

Wie macht man es also besser? Das Wissen liegt an der Front. Das gilt für das Militär, aber auch für Kirche und Unternehmen. Und dieses Wissen müssen Sie als Führungskraft urbar machen. Wer sollte in einem Team mitspielen, das die „Vision" einer Organisation entwickelt? Als Trainer sicherlich die Mädels und Jungs aus der Führungsetage, die Mitglieder der Mannschaft sollten Sie aber bunt zusammenstellen. Wie im Fußball brauchen Sie natürlich ein paar Stürmer, die Sie als fordernd, schnell, einsatzwillig, ehrgeizig mit Zug zum Ziel kennengelernt haben. Aber kein Team besteht nur aus Stürmern. Identifizieren Sie auch bewusst die „Abwehr-Spieler" in Ihrer Organisation und zwingen Sie die von der Rolle des Betroffenen in die Funktion des Beteiligten. Und vergessen Sie nicht das meist große Mittelfeld. Ja, das macht den Prozess schwergängiger, mühsamer, langatmiger. Aber am Ende des Tages wird eine Vision nur wirksam werden, wenn die Menschen in Ihrer Organisation sie mittragen – und zwar so, wie sie sind, und nicht wie Sie sich Ihren Mitarbeiterstamm erträumen würden. In Zeiten der Ungewissheit ist eine klare Vision übrigens auch etwas, das Halt geben und Orientierung bieten kann.

Konkret kann das heißen, dass Sie jeden Ihrer Top-10- oder Top-20-Kader beauftragen, einen Visionstag mit einer bestimmten Teilgesamtheit Ihrer Organisation durchzuführen. Den soll er nicht leiten, sondern organisieren.

Auswählen, wer daran teilnimmt. Dieser Tag sollte professionell von externen Profis, die so etwas häufiger machen, moderiert werden.

Geleitet wird der Tag dann aber jeweils von einem Mitarbeiter, der aus dem Team heraus gewählt wird. Eine gute Methode, um den Horizont der Teilnehmer zu weiten, um wirkliche visionäre Ideen zu bekommen, ist eine Methode des langjährigen Jägermeister-Chefs Hasso Kaempfe. Er bat seine Führungskräfte, sich in die Zukunft zu versetzen und aus dieser Perspektive einen Zeitschriftenartikel über das eigene Unternehmen zu schreiben.

Nachdem alle Arbeitsgruppen getagt haben, kommen dann deren Leiter zusammen und legen ihre Ergebnisse übereinander. Mit dem Destillat daraus geht es wiederum in die Organisation hinein, die Leiter stellen allen (!) Mitarbeitern das Zwischenergebnis vor, diskutieren nochmals darüber. Und ja, in großen Unternehmen wie der Deutschen Bahn AG mit ihren 300.000 Mitarbeitern kann eine solche Veranstaltung auch bis zu 1.000 Leute umfassen.

In kleineren Organisationen kann so ein Prozess selbstverständlich wesentlich pragmatischer, eher als Open Space-Format, laufen. So lud der Chef des Filzschreiberherstellers Edding, Per Ledermann, alle Mitarbeiter zu einer sogenannten integrativen Strategienacht ein. Die begann um acht Uhr abends, die Teilnahme war freiwillig, das ganze fand außerhalb der Arbeitszeit bei Bier und Pizza statt. Und es ging darum, „Zukunft zu spinnen". Die Ergebnisse waren überwältigend. Und diejenigen, die letztlich kamen, waren auch die Richtigen. Denn hier gilt Woody Allens Weisheit: „Dabeisein ist 80 Prozent des Erfolgs."

Ganz entscheidend ist übrigens auch der Ort, wo Sie solche Visionstage stattfinden lassen. Kommen Ihnen in tageslichtarmen Konferenzräumen mit abgewetzten Teppichböden voller Kaffeeflecken die großen Visionen? Oder in sterilen hypermodernen Glaskästen-Besprechungsräumen im 15. Stock der Konzernzentrale? Nochmals: Das Wissen liegt an der Front! Ein besonders gutes Händchen hat an dieser Stelle beispielsweise BMW. Dort legt man derlei Veranstaltungen kurzerhand mal direkt ans Fertigungsband und gibt Bandarbeitern auch eine wichtige Rolle im Format.

Uff, das ist aber super aufwändig – wer soll das leisten? Bei der Größe unseres Ladens! Ja, das ist super aufwändig, aber bei diesem Thema ist die schnelle Lösung eine schlechte Lösung. Oder, wie es mal ein Geigenlehrer meiner damals siebenjährigen Tochter sagte: „Wenn ich das Resultat will, aber nicht den Prozess, werde ich nie das Resultat haben." Oder ein paar tausend Jahre vorher Konfuzius: „Sag es mir und ich werde es vergessen, zeige es mir und ich werde es mir merken, binde mich ein und ich werde es verstehen."

Wir werden unten im Praxisbeispiel Hilti sehen, wie lange und wie umfangreich dort das Thema Leitbild bearbeitet wird. Und wie sich Geduld und Akribie für das Unternehmen letztlich auszahlen.

Vision und Mission – wie kommunizieren?

„Jetzt habe ich das doch schon dreimal gesagt! Das will doch keiner mehr hören. Brauchen wir nicht mal wieder ein neues Thema?" Dem ein oder anderen von Ihnen dürften diese Sätze bekannt vorkommen.

Führungskräfte sind ungeduldig. Sie drängen nach vorne. Und aus Sicht des Chefs ist das Thema Vision und

Mission abgeschlossen, wenn die Botschaften formuliert und an die Mitarbeiter weitergegeben sind. Um ehrlich zu sein, dann fängt der Prozess erst richtig an. Die Penetration von Vision, Mission und Leitbild, das Verankern der Absicht der obersten Führung bei allen Mitstreitern, ist ein Langstreckenlauf. Und er lebt von konsequenter Wiederholung. Dazu Aristoteles: „Wir sind, was wir ständig wiederholen. Exzellenz ist daher keine Handlung, sondern eine Angewohnheit." Vorsichtig gerechnet, erreichen Sie alle Mitarbeiter mit Ihrer Führungsabsicht, Ihrem „Strategic Intent", frühestens nach etwa zwei bis drei Jahren; dies aber nur, wenn Sie in dieser Zeit strikt, ja fast gebetsmühlenartig bei einem engen Set von Botschaften bleiben. Nutzen Sie jede Rede, jedes Interview, jeden Mitarbeiterbrief, jede Videobotschaft an Ihr Team, um kurz Ihre übergeordnete Absicht darzustellen und dann das, was aktuell strategisch, operativ und taktisch läuft, dort einzuordnen. Und tragen Sie Sorge, dass jeder (!) Mitarbeiter mindestens in einem eineinhalbjährlichen Turnus sich einen Tag mit dem Leitbild und der Strategie intensiv beschäftigt.

Die Bedeutung einer klaren Absicht auf der Führungsebene hat Jack Welch, der legendäre Chef von General Electric, einmal so zusammengefasst: „Generell muss ein CEO in der Lage sein, eine Vision zu entwickeln und diese dann praktisch und enthusiastisch auf die Firma zu übertragen. Er braucht Werte und Verhaltensregeln. Die Vision sagt einem, wie man dorthin gelangt. Er muss die Firma von diesen Normen überzeugen und dafür sorgen, dass man sie versteht."

Und dies von der ersten Minute an. Eine Führungspersönlichkeit sollte ihren „strategic intent" – zumindest im Kopf – haben, ehe sie ihr Amt antritt. Denn kaum ist das

Büro bezogen, werden tausend Themen des Tagesgeschäfts auf sie einstürmen und sie auffressen. Neueste Studien zeigen: Eine Top-Führungskraft beschäftigt sich mit rund 140 Themen in der Woche, für viele hat sie nicht einmal zehn Minuten Zeit.

Instruktiv ist hier eine Anekdote, die der Managementberater Tom Peters über den ehemaligen US-Verteidigungsminister James Schlesinger berichtet. Als sich Schlesinger auf seine Rolle in der Regierung von Jimmy Carter vorbereitete, bekam er von Colonel Richard Hallock einen nachdrücklichen Rat: „Wenn Sie ein Vermächtnis hinterlassen wollen, müssen Sie rasch entscheiden, worin es bestehen soll, denn nach einigen Monaten werden Sie so mit dem Tagesgeschäft des Pentagons beschäftigt sein, dass es dafür zu spät sein wird. Suchen Sie sich einige Projekte aus, und setzen Sie die ganze Kraft Ihres Büros dafür ein. Betreuen Sie die Projekte. Pflegen Sie sie. Machen Sie sich von Anfang an klar, dass sie Ihr Vermächtnis sein werden. Lotsen Sie sie durch die Bürokratie."

Eine klare Absicht ist der Anfang vom allem. Bleibt eine Führungspersönlichkeit ihren Mitstreitern die Antwort schuldig, welchen Traum sie verwirklichen will und welche konkreten Ziele damit verbunden sind, wird sie niemals hinreichend Gefolgschaft erzeugen, um wirklich erfolgreich zu sein. Verfolgt sie hingegen zu viele Ziele oder ändert sie diese zu häufig, so paralysiert sich die Institution, der sie vorsteht. Eine klare Führungsabsicht liefert eine Vision, erzeugt Gefolgschaft und motiviert zu Veränderung.

Hilti AG – Erfolgreicher Langstreckenlauf in Sachen Vision und Strategie

Michael Hilti ist der lebende Beweis dafür, dass Gelassenheit die anmutigste Form des Selbstbewusstseins ist. Der rundliche Spross der liechtensteinischen Bohrhammer-Dynastie mit seinen verschmitzten Augen ist ein humorvoller Mensch. Wenn er indes auf das Thema Strategie und Leitbild zu sprechen kommt, nimmt seine Körperspannung schlagartig zu und er nimmt sein Gegenüber fest in den Blick. Das Thema ist ihm wichtig. Er ist sichtlich stolz, was er mit „seinem" Leitbild- und Strategieprozess bei Hilti erreicht hat. Das 1941 von seinem Vater gegründete Unternehmen beschäftigt rund 30.000 Mitarbeiter, ist in 120 Ländern mit Systemlösungen für den professionellen Anwender im Bau präsent und ist zu 100 Prozent in Familienbesitz.

Michael Hilti musste in den 70er-Jahren in einer Krisensituation ins elterliche Unternehmen eintreten. „Das war der Wurf ins kalte Wasser", sagt er heute. 1982 erwischte das Unternehmen und damit auch den jungen Hilti die Weltwirtschaftskrise. Da wurde ihm klar, dass das Unternehmen ohne klare Ziele, ohne starke Werte und ohne ein echtes Team nicht vorankommen wird. „Grundlage einer starken Führungskultur sind klare Vorstellungen, was man als Unternehmen sein will", ist ein Kernsatz von Michael Hilti, der nach seiner Zeit als CEO von 1994 bis 2006 den Verwaltungsrat präsidierte und sich dann entschied, sich mit dem Mandat als einfaches Verwaltungsratsmitglied zu bescheiden.

Seinen „Langstreckenlauf" in Sachen Vision startete Hilti im Jahr 1985, und er betont, dass man seither unterwegs sei. In der ersten Phase „Leadership makes the difference" von 1985 bis 2003 erhielten alle Mitarbeiter weltweit ein einmaliges Leadership-Training auf die Ziele und Werte des Unternehmens hin von ein bis drei Tagen. Und zwar wirklich alle, vom Verwaltungsrat bis zur Aushilfskraft. Führungskräfte erhielten ein zusätzliches Training von drei Tagen. Dafür wurde Hilti von der Bertelsmann Stiftung als „bestes Unternehmen für vorbildliche Unternehmenskultur" ausgezeichnet. Hilti war dennoch noch nicht zufrieden: Denn es gab keine verbindlichen Aktionspläne, das Nachhalten der Ziele war individuell und der Prozess stark auf die Persönlichkeit ausgerichtet, der Bezug zum Geschäft blieb vage.

Hilti sonnte sich also nicht im Glanz der eben erhaltenen Auszeichnung, sondern schob gleich danach auf Basis des bisherigen Programms ein neues Programm, „Our Culture Journey" (OCJ), an. Bewusst als Fortsetzung und nicht als radikaler Kurswechsel. Bewusst als „Reise" deklariert. Denn es geht nicht darum, ein Endziel zu erreichen, sondern die Bedeutung des kontinuierlichen Prozesses zu betonen. Will man es mit Goethe sagen: „Man reist ja nicht, um anzukommen."

Auch bei OCJ sind alle 30.000 Mitarbeiter weltweit eingebunden, allerdings finden die sogenannten Kulturtrainings regelmäßig, nämlich alle 18 Monate statt. Zudem muss jeder jährlich in einen sogenannten „Pitstop". „Alle zwei Jahre entwickeln wir neue Inhalte für dieses Trainingscamp, um unsere Unternehmenskultur voranzutreiben. Wir beschäftigen weltweit 75 interne Coachs, die die Camps führen", erklärt der langjährige CEO und heutige Verwaltungsrat Pius Baschera. Bei Hilti gibt es verbindliche Aktionspläne nach jedem Camp und Pitstop, das Nachhalten ist klar strukturiert und die Trainings haben den Anspruch, Auswirkungen auf Persönlichkeit und Geschäft zu haben.

Purpose, Vision und Werte passen bei Hilti auf einen Notizzettel – alles wird unter der Überschrift „Champion 2020" zusammengefasst. Die Vision lautet: „Wir begeistern unsere Kunden und bauen eine bessere Zukunft." Die Kernwerte des Unternehmens sind seit Jahrzehnten unverändert: Integrität, Courage, Teamarbeit und Engagement. Als Fundament werden eine verantwortungsvolle und leistungsorientierte Unternehmenskultur genannt.

Ein zentrales Element des Leitbildprozesses bei Hilti ist der Spiegel. Aussage: „Stelle dich den brutalen Fakten". Hilti zwingt jeden Mitarbeiter einmal im Jahr, in den Spiegel zu schauen und eine Abweichungsanalyse zu machen – fürs Geschäft wie für die Persönlichkeit – zwischen dem, was sein soll, und dem, was ist. „Have faith, but face the brutal facts."

Ein Zeichen, dass Vision, Mission und Werte ernst genommen werden, ist die Rolle des obersten Führungsgremiums des Unternehmens, des Verwaltungsrates, als „Kulturgestalter". So findet eine jährliche spezielle Verwaltungsratssitzung von drei Tagen nur zu diesem Thema statt. Diese besteht aus Fortschrittskontrolle über den Stand, Eigentraining der Verwaltungsräte, Entwicklung neuer Trainingsmodule, persönliches Austesten von Teilen neuer

Trainingsmodule und Rückmeldung an die Konzernleitung und Top-Führungskräfte. Jeweils im Dezember findet eine weitere eintägige Sitzung statt, in der nochmals der Stand der Bemühungen genau festgehalten wird, und eine umfangreiche Analyse der weltweiten Mitarbeiterumfrage, die Hilti jährlich durchführt. Besonders: Der Verwaltungsrat geht so oft irgend möglich hinaus in die Märkte. Jedes Verwaltungsratsmitglied fährt dann mit einem Außendienstmitarbeiter für einen Tag raus zu den Kunden in der jeweiligen Region, ehe dann am Tag 2 die eigentliche Sitzung beginnt.

Und zu guter Letzt: Vom Namensträger Michael Hilti angefangen über den gesamten Kader sind sich alle Akteure im Klaren: „Taten sagen mehr als Worte." Natürlich beobachten die Mitarbeiter sehr genau, wie sich die obersten Führungskräfte eines Unternehmens verhalten. Durchlaufen diese selbst alle regelmäßig und diszipliniert die Camps und Pitstops, oder wird für die „Wichtigen" eine Extrawurst gebraten? Agieren sie als Team, oder wird bei gemeinsamen Auftritten deutlich, dass da mehrere Solisten nebeneinander stehen?

Michael Hilti lässt an dieser Stelle nichts an Klarheit missen: „Es dürfen keine Einzelinteressen gegenüber dem Gesamtinteresse obsiegen, und es ist konsequent danach zu streben, gemeinsam die beste Lösung zu finden, auch wenn hart darum gekämpft werden muss. Deshalb haben Einzelkämpfer oder Personen, die ihre Rolle falsch interpretieren oder nach persönlicher Macht streben und Machtkämpfe auslösen oder nur ihren Vorteil suchen, im Hilti-Konzern keinen Platz. Solchen Tendenzen ist frühzeitig und mit aller Konsequenz zu begegnen."

Authentizität

Über Authentizität spricht man nicht. Authentizität hat man. Mit diesen zwei Sätzen ist eigentlich alles gesagt. Und das Kapitel könnte hier enden.

Nicht ganz. Denn Authentizität ist, wie Arroganz übrigens auch, keine angeborene Eigenschaft, sondern eine Wirkung. Die Kernfragen lauten deshalb: Nimmt mich mein Umfeld als authentisch war? Empfinden die Menschen um mich herum meine Authentizität als angenehm? Vor diesem Hintergrund mag es doch lohnen, beim Thema „Authentizität" nun ein wenig zu verweilen.

Authentizität ist Selbst-Verständlichkeit

Eines der vernichtendsten Urteile, welches sich ein nicht-aristokratischer Eindringling in der Welt des Hochadels einfangen kann, ist der Satz: „Der ist nicht selbst-verständlich." Wen die Hoheiten und Durchlauchten damit beschreiben, sind Menschen, die unecht, verstellt, gekünstelt wirken; eine Rolle zu spielen versuchen. Zum Beispiel jene, die nicht geradeheraus nach dem Klo fragen, sondern sich dauernd irgendwo die Hände waschen wollen.

Gerade für Führungskräfte, die in den Hierarchien ihrer Organisation rasch nach oben katapultiert werden, ist es eine große Versuchung, sich so zu benehmen, wie man meint, dass man sich in dieser Rolle oder Funktion eben zu verhalten habe.

Regelmäßig zu besichtigen ist dieses Phänomen für uns alle in der Politik. Kaum war beispielsweise Christian Wulff in das hohe Amt des Bundespräsidenten gewählt, ging er nicht mehr wie ein normaler Mensch, sondern fortan schritt er mit weit ausladenden Gesten durch die Weltgeschichte. Kaum war Nicolas Sarkozy französischer Staatspräsident, bewegte er sich nicht mehr wie der kleine Boxer, der sich nach oben gekämpft hat, sondern imitierte seinen Urahn als Herrscher aller Franzosen, Napoleon Bonaparte. Allerdings wusste schon der Korse: „Vom Erhabenen zum Lächerlichen ist es nur ein Schritt."

Keineswegs selten sind derlei amtsbezogene plötzliche Persönlichkeitsmutationen indes auch in Militär, Kirche und Wirtschaft. Beim frischgebackenen General wird die Körperspannung straffer, der Stoff des Waffenrocks teurer und dunkler; der neue Weihbischof schwebt selbst auf enge Verwandte mit beidseits ausgefalteten Armen zu und haucht salbungsvoll „nun, mein Sohn …“ und der bisher raubeinige Manager hüllt sich, kaum an die Spitze eines namhaften Aufsichtsrats angelangt, in dreiteilige Anzüge und behaucht die Damenwelt mit Handküssen. Das wirkt nicht authentisch.

Authentizität verstärkt Botschaften. Und vernichtet Botschaften

Das vorige Kapitel zeigte, warum eine Führungskraft in Zeiten der Ungewissheit eine glasklare Absicht formulieren und an ihre Mitstreiter kommunizieren sollte. Gerade wenn es unübersichtlich ist, muss es einen Kompass geben und eine klare Ansage, wohin gesegelt wird. Wie wir gelernt haben, ist es verdammt schwer, diesen Kurs, den „Strategic Intent“, sauber herauszuarbeiten und in der Crew zu verankern. Das Letzte, was ich als Kapitän auf der Brücke gebrauchen kann, ist unnötige Ablenkung und Missweisung. Aber genau das beschert mangelnde Authentizität. Wirke ich als Führer nicht authentisch, kann dies meine Botschaften komplett überdecken, ja zerstören, weil mein Team ein Störgefühl entwickelt. Ich will dies an einem Beispiel erläutern.

In Großkonzernen ist es üblich, mindestens alle zwei Jahre die wichtigsten Führungskräfte an einem schönen Ort zu versammeln und auf die Unternehmensstrategie einzuschwören. Diese aufwändig vorbereiteten Veranstaltungen heißen „Konzernführungstreffen“ oder „Top Management Meeting“. Mit Spannung erwartet wird stets die Rede des Vorstandsvorsitzenden. Entsprechend hoch ist die Nervosität und Geschäftigkeit in den ihm zuarbeitenden Stäben, da man den Chef perfekt in Szene setzen will. Gleichzeitig plagt die meisten Vorstandsvorsitzenden vor derlei Auftritten insgeheim eine diffuse Angst, auf offener Bühne nicht zu „performen" oder gar zu versagen.

Für die Organisatoren heißt es deshalb: Alle Risiken müssen ausgeschaltet werden, es darf ja nichts anbrennen. Aber, wo nichts anbrennen darf, wird sich auch nichts entzünden. Entweder klebt der Chef an einem mit gefühlt 15 Entscheidungsträgern abgestimmten und weichgespülten Redemanuskript, das er mit – von einem teuren Rhetoriktrainer einstudierten – seltsam fremd wirkenden Gesten vorträgt.

Oder er wird zum Knecht der dichtbedruckten PowerPoint-Charts, die ihm seine Superhirne in der Strategieabteilung gedrechselt haben.

Am schlimmsten aber, und diese Plage ist leider ein Kollateralschaden des Hypes um die rhetorische Wunderwaffe Barack Obama: Der Vorstandschef gibt vor, frei zu sprechen, müht sich in Wahrheit aber, für alle sichtbar, mit einem Teleprompter ab. Leider hat sich diese Unart inzwischen in sehr vielen Unternehmen durchgesetzt. Selbst bei Pressekonferenzen nutzen ansonsten gestandene Vorstandschefs den Teleprompter.

Die Wirkung auf die Zuhörer ist verheerend. Kaum einer folgt mehr den Botschaften. Vielmehr ruht die Aufmerksamkeit darauf, wie sich der Redner technisch durch die Rede kämpft. Einer der verheerendsten Teleprompter-Auftritte, die ich selbst gesehen habe, war sicher die Rede von US-Vizepräsident Mike Pence auf der Münchner Sicherheitskonferenz. Ganz offensichtlich hat ihm sein Redenschreiber Pausen ins Manuskript geschrieben an den Stellen, wo Applaus des Publikums erwartet wurde. Leider blieb der Applaus aus. Mike Pence machte gleichwohl lange Pausen und blickte flehend ins Auditorium. Das war an Peinlichkeit kaum zu überbieten.

Hier soll nun nicht über das Für und Wider von Teleprompter diskutiert werden. Es geht um das Symbol. Jemand, der vorgibt frei zu sprechen, dies in Wahrheit aber nicht tut, sondern sich klammheimlich einer technischen Krücke bedient, kann nicht authentisch wirken.

Insbesondere in Krisenzeiten schauen die Menschen genau hin. Und reagieren höchst sensibel, wenn das, was eine Person erzählt, nicht dem übereinstimmt, wie sie sich gibt. Tut sich hier eine Wort-Bild-Schere auf, so ist ruckzuck die gesamte Botschaft entwertet oder zerstört. Das wurde auch im Corona-Krisenmanagement der Politik deutlich. So war es letztlich irrelevant, welche Themen Armin Laschet, der Ministerpräsident Nordrhein-Westfalens, mit Ärzten diskutierte – die entscheidende Botschaft war, dass er den Mund-Nase-Schutz höchst nachlässig im Gesicht hängen hatte. Gesundheitsminister Jens Spahn wurde in der Krise nicht müde, die zentrale Bedeutung von Abstandsregeln im Kampf gegen die Infektion zu betonen, konterkarierte diese Anstrengung aber damit, dass er sich bei einem Medientermin in einem Spital noch in einen vollbesetzten Aufzug drängelt. Und Annegret Kramp-Karrenbauer wartete umlagert von einer dicht gedrängten Meute von Medienleuten auf einen Bundeswehrtransport mit Schutzmasken aus China – ohne dass sie oder ihre Entourage auf die Idee gekommen wären, selbst Schutzmasken anzuziehen.

Im Jahr 2003 veröffentlichte der frühere Chairman des amerikanischen Medizintechnik-Riesen Medtronic Bill George ein Buch mit dem Titel „Authentic Leadership: Rediscovering the Secrets to Creating Lasting Value" und lenkte damit eine breitere Aufmerksamkeit auf die Bedeutung von Authentizität als Erfolgstugend. Bill George, der inzwischen an der Harvard Business School lehrt, hat 125 herausragende Führungspersönlichkeiten, die als besonders authentisch gelten, aus den verschiedensten gesellschaftlichen Bereichen und aus unterschiedlichen Nationen ausführlich befragt, um dem Geheimnis „authentischer Führung" auf die Spur zu kommen.

Nachdem er und sein Team über 3000 Seiten an Gesprächsnotizen durchgearbeitet und analysiert hatten, kamen sie zu dem Ergebnis, dass es keine universal gültigen Charakterzüge, Fähigkeiten oder Stile gibt, die den Erfolg dieser Persönlichkeiten ausmachen, sondern die ehrliche und aktive Auseinandersetzung mit der eigenen Lebensgeschichte den Kern „authentischer Führung" darstellt. Eine der Interviewten, die Chefin der globalen Werbeagentur Young&Rubicam, Ann Fudge, erklärt das so: „All of us have the spark of leadership in us, whether it is in business, in government, or as a nonprofit volunteer. The challenge is to understand ourselves well enough do discover where we can use our leadership gifts to serve others." Ähnlich argumentiert auch Management-Guru Howard Gardner: „Die Wirkung der Führerpersönlichkeit steht und fällt mit der erzählten und verkörperten Geschichte."

Bill George rät dazu, sich acht Fragen vorzulegen, wenn man sich aufmacht, sich mit der eigenen Authentizität auseinanderzusetzen.

1. Welche Personen und Erfahrungen im ganz frühen und früheren Leben hatten den größten Einfluss auf mich selbst?
2. Welche Momente gab es oder gibt es, in denen ich sage, das ist mein Ding, hier kann ich so sein, wie ich wirklich bin?
3. Welches sind im Tiefsten meines Herzens die wichtigsten Werte? Woher kommen die? Und haben sie sich seit meiner Kindheit irgendwie geändert?
4. Was sind die extrinsischen, also von außen kommenden Anreize, die mich motivieren (Geld, Status, Zuneigung, Applaus usw.)? Was ist meine intrinsische, von innen kommende Motivation? Und in welchem Verhältnis stehen intrinsische und extrinsische Motivationsfaktoren?
5. Wie könnte ich mein Team bunter und vielfältiger aufstellen, um ein abgerundeteres Bild der Lage zu bekommen?
6. Bin ich fähig, in allen Lebenslagen und Umfeldern ein und dieselbe Person zu sein? Wenn nein, was hält mich davon ab?
7. Welche Rolle spielt es für mich, authentisch zu wirken? Habe ich je dafür bezahlt, authentisch geblieben zu sein? Welcher Preis wäre es mir wert?
8. Welche konkreten Schritte kann ich noch heute, morgen und während der nächsten zwölf Monate unternehmen, um authentischer, selbst-verständlicher zu werden?

Diese acht Fragen sollte sich jede Führungskraft regelmäßig vorlegen; am besten kopieren und zweimal im Jahr in die Wiedervorlage legen. Das Ziel der Übung könnte mit einem Satz umschrieben werden, den der große jüdische

Religionsphilosoph Martin Buber einmal in anderem Zusammenhang prägte: „Bei sich beginnen, aber nicht bei sich enden; von sich ausgehen, aber nicht auf sich zielen; sich erfassen, aber nicht mit sich befassen."

Kritik aktiv einfordern

Für Führungspersönlichkeiten ist es ratsam, sich einen Kreis von Leuten zusammenzustellen, die einem kritisch gewogen sind und aus den verschiedenen Lebensbereichen Familie, Freunde, Kollegen auf Augenhöhe in anderen Unternehmen, Kultur und Mitarbeiter stammen. Und diese mindestens einmal im Jahr zu treffen mit der klaren Aufforderung, einem offen und schonungslos zu spiegeln, wie sie einen sehen. Und zwar nicht en passant bei einem Essen, sondern in zwei konzentrierten Stunden davor, um es dann mit einem gemeinsamen Abendessen ausklingen zu lassen.

Ohne großen Aufwand umsetzbar ist eine Idee des ehemaligen Leiters der Schweizer Militärakademie Rudolf Steiger. Der Autor des sehr lesenswerten Bestsellers „Menschenorientierte Führung" hat nach eigenem Bekunden sehr gute Erfahrungen damit gemacht, seinen persönlichen Assistenten folgenden Passus ins Pflichtenheft zu schreiben: „Macht seinen Chef jederzeit und unaufgefordert auf (sich anbahnende) Fehler aufmerksam."

Für Führungspersönlichkeiten an der obersten Spitze von Organisationen, also Vorstandschefs, Generale, Bischöfe oder Geschäftsführer von Verbänden oder NGO, empfiehlt es sich zudem, einen externen Coach und Sparringspartner zu engagieren, der – wesentlich freier als jedermann aus der Organisation – dem Boss einmal monatlich eine Stunde lang den Spiegel vorhält. Und dabei präzise darstellt, wie die Führungspersönlichkeit vom Coach, von den Menschen in der Organisation, von der „Peer group" und der weiteren Öffentlichkeit gesehen und bewertet wird.

Der Gründer der Delta Consulting Group, David A. Nadler, hat diesen Coachingansatz unter amerikanischen Unternehmenslenkern populär gemacht, inzwischen gibt es auch eine ganze Reihe namhafter Führungspersönlichkeiten im deutschsprachigen Raum, die für sich knallhartes professionelles Feedback von außen einfordern. Kern der Betrachtung ist stets: Wie authentisch wirkt der Führer bei dem, was er sagt und was er tut? US-Unternehmensberater Tom Peters stellt klar: „Führungskräfte müssen zuallererst sich selbst kennen. Sich ihrer Wirkung auf andere bewusst sein. Einen ehrlichen Coach an der Seite haben, der mit ihnen Klartext redet."

Keine falsche Bescheidenheit

Authentisch zu sein reicht nicht. Die Authentizität muss auch spürbar und sichtbar sein. Häufig verbergen Führungskräfte ihr „wahres Ich" hinter einer für das Amt oder Funktion aufgerichteten Fassade. Dabei wollen die Menschen – gerade in Zeiten der Ungewissheit – doch genau erfahren, auf wen sie sich da eigentlich einlassen, welche Persönlichkeit da an der Spitze steht. Niemand ist nur Vorstandschef, General oder Bischof. Jeder hat seine ganz individuelle Lebensgeschichte, die prägt, was man mag, was man nicht mag, wie man handelt.

Authentische Führungskräfte haben ein Selbst-Verständnis darüber, wer sie sind. Und arbeiten dieses Selbst-Verständnis aktiv und sichtbar in ihre Botschaften ein. Probieren Sie es einmal aus. Und beginnen Sie eine Rede mit einer persönlichen Anekdote aus Ihrem Leben. Sie werden sofort merken, wie Ihre Zuhörer gebannt an Ihren Lippen hängen. Diesen Fundus sollten Führungskräfte nutzen, weil es ihre Botschaften lebhafter macht und ihnen Nachdruck verleiht.

Umgekehrt kann es einen fatalen Ausgang nehmen, wenn man als Führer versäumt, klarzumachen, wer man ist und was einen antreibt. Nehmen wir das Beispiel Daniel Vasella, der in seiner Zeit als Top-Manager beim Pharmakonzern Novartis über Jahre von den Medien als „gieriger Raffke" und kaltes Managerungeheuer dargestellt wurde. Und am Ende unter öffentlichem Druck sogar seinen Hut nehmen musste.

Vasella hatte es leider versäumt, seine Lebensgeschichte einem breiteren Publikum zu erzählen. Das öffentliche Bild über ihn wäre wohl ein anderes geworden.

Vasella wuchs in einfachen Verhältnissen auf und sein frühes Leben liest sich wie ein ärztliches Bulletin. Bereits im Alter von vier musste er ins Krankenhaus, im Alter von fünf wurde bei ihm Asthma diagnostiziert und er musste mutterseelenallein für vier Monate zur Kur, wo er auf einen Betreuer traf, der Alkoholprobleme hatte. Mit acht Jahren erkrankte Vasella an Tuberkulose und Meningitis, die entsprechenden Behandlungen empfand er als Tortur. Zumindest bis ein neuer qualifizierter und herzenswarmer Arzt im Sanatorium anfing. Ab da war für Vasella klar: Ich will so werden wie er.

Als Vasella zehn Jahre alt war, starb seine Schwester an Krebs, drei Jahre später starb sein Vater. Um die Familie durchzubringen, musste seine Mutter in einer weit entfernten Stadt arbeiten. Vasella ließ sich gehen, verbrachte seine Zeit mit Partys, Bier und Streitigkeiten. Das dauerte geschlagene drei Jahre, bis er seine erste Freundin traf, die sein Leben veränderte. Mit 20 immatrikulierte er sich für das Medizinstudium, das er mit Auszeichnung abschloss. Parallel beschäftigte er sich mit Psychotherapie, vor allem um sein bisheriges Leben für sich aufzuarbeiten. Später bewarb er sich für eine Chefarztstelle in Zürich, fiel aber durch, weil er dem Auswahlkomitee zu jung für die Aufgabe schien. Enttäuscht, aber nicht frustriert, entschied sich Vasella dann, seine Fähigkeiten dort einzubringen, wo er einen noch größeren Hebel vermutete als auf einer Chefarztstelle. Er entschied sich für die Pharmaindustrie. Der weitere Weg, der ihn an die Spitze von Novartis führte, ist bekannt.

Die meisten von uns haben wohl eine deutlich weniger beschwerte Kindheit erlebt als Daniel Vasella. Aber bei jedem gibt es diese wichtigen Brüche und Wegmarken im Leben, die einen ausmachen. Diese darf eine Führungskraft nicht in seinem Privatleben einmauern, sondern muss sie ihren Mitstreitern zugänglich machen. Und hier sind Details wichtig. Wer beispielsweise das Denken und Handeln des ehemaligen Chefs der Telekom und heutigen Verwaltungspräsidenten von Airbus, René Obermann, verstehen will, muss wissen, dass er sein Studium sehr früh abgebrochen hat, um eine eigene Firma aufzubauen. Lange Zeit kursierte von ihm unwidersprochen das Bild des stromlinienförmigen Konzernkarrieristen, obschon der Mann im Herzen ein Vollblutunternehmer ist. So wie heute in den Medien sein Nachfolger an der Spitze der Telekom, Timotheus Höttges, als engagierter Katholik beschrieben wird, obwohl Höttges Protestant ist und aus einer Familie stammt, die mit einigem Stolz auf eine ganze Reihe von Pastoren in der Familiengeschichte blickt. Warum ist das wichtig zu wissen? Weil diese Information ein Stück weit die eiserne Disziplin und protestantische Leistungsethik eines Tim Höttges erklärt.

Wer den ehemaligen Daimler-Vorstand und Bahn-Chef Rüdiger Grube verstehen will, muss wissen, dass der Mann sich aus einfachen Verhältnissen durch so ziemlich alle Bildungseinrichtungen hochgearbeitet hat, die es in Deutschland gibt: zuerst Hauptschule, dann zwei Jahre Realschule, dann Lehre als Metallflugzeugbauer, dann Fachhochschule, dann Universität und schließlich Promotion.

Oder nehmen wir Martin Richenhagen, der einzige Deutsche an der Spitze eines Fortune 500-Unternehmens. Er ist CEO und Chairman des Agrarmaschinenherstellers AGCO in den USA. Ihn wird man nur deuten können, wenn man weiß, dass der Rheinländer eben kein Kind des typischen Karrierewegs in (amerikanischen) Großkonzernen ist. Richenhagen hat Theologie, Philosophie und Romanistik studiert und dann als Religionslehrer gearbeitet. Nach seiner Verbeamtung entschloss er sich dann aber zu einem gewagten Sprung als Seiteneinsteiger in die Wirtschaft, wo ihn sein Weg über den Rolltreppenhersteller Schindler, den Landmaschinenherstellen Claas und andere Stationen an die Spitze von AGCO führte. Wer den gesicherten Beamtenstatus aufgibt und es als Religionslehrer in die Wirtschaft wagt, bei dem ist einige Chuzpe zu vermuten. Entsprechend „outspoken" ist Richenhagen. Vor den Präsidentschaftswahlen 2012 kritisiert er Barack Obama heftig. Aber auch bei Präsident Trump hält er mit seiner Meinung nicht hinter dem Berg. So gab Richenhagen zu Protokoll, dass Trump ungebildet sei, ein schlechter Zuhörer und keine Ahnung von Wirtschaft habe. Und überhaupt sei Trump gar kein Unternehmer, sondern habe sein Geld damit verdient, andere Leute über den Tisch zu ziehen. Ohne die Biographie des „Freigeistes" Richenhagen zu kennen, wird man solche drastischen Aussagen kaum einordnen können. Offenkundig hat der ausgebildete (katholische) Theologe auch Martin Luther gelesen: „Mach's Maul auf, tritt laut auf."

Führungskräfte müssen ihre Lebensgeschichte für ihr Umfeld sichtbar und spürbar machen. Auch scheinbare Details sind da enorm wichtig. Nur Persönlichkeiten, deren Facetten bekannt sind, wirken authentisch. Nur wer von sich Zeugnis ablegt, kann überzeugen – und kann Vertrauen erzeugen. Je authentischer ich als Führungskraft wirke, desto mehr strahle ich aus: Auf den, auf die kann ich mich verlassen, auch und gerade in Krisenzeiten.

Papst Franziskus – oder die Macht authentischer Führung

Welche ungeheure Kraft, welche Hebelwirkung für die Umsetzung der eigenen Absicht spürbare Authentizität entfalten kann, zeigt sich bei Papst Franziskus. Seine Schritte ins hohe Amt lesen sich wie ein Drehbuch auf dem Weg zu authentischer Führung.

Die Grundlage, ein tiefes Selbst-Verständnis, hat er sich über Jahrzehnte hart erarbeitet. Denn als Jesuit gehört es zum Pflichtprogramm, sich über Meditationen, geistliche Übungen und Exerzitien mit sich selbst zu beschäftigen. Als er dann am 13. März 2013, sozusagen als „no name", als Unbekannter, auf die Mitteloggia des Petersdoms trat und erst einmal schweigend in die Menge sah, spürten schon viele Menschen: Da ist einer ganz bei sich.

Wie sehr der argentinische Kardinal bei sich ist, durfte kurz vorher schon der vatikanische Hofstaat erleben, als er es im Unterschied zu seinen Vorgängern rundweg ablehnte, sich die hermelingefütterte Mozzetta umhängen zu lassen. Er will eine „arme Kirche für die Armen" und das sollte von der ersten Minute an deutlich spürbar und sichtbar werden.

So trat Papst Franziskus also in schlichter weißer Soutane, mit ausgetretenen schwarzen Schuhen und einem einfachen eisernen Pektoralkreuz vor die

Weltöffentlichkeit und rief ihr „Guten Abend" entgegen. Dann kniete sich Jorge Mario Bergoglio, der soeben das Amt des Stellvertreters Jesu Christi und das Pontifex Maximus übernommen hatte, nieder und bat die auf dem Petersplatz versammelten Menschen, für ihn zu beten. Seine allererste Reise als Papst führt ihn ins Flüchtlingscamp auf der Insel Lampedusa. Am Gründonnerstag wäscht er Gefangenen die Füße.

„Taten sprechen lauter als Worte." Papst Franziskus folgt seit Beginn seiner Amtszeit konsequent dieser Einsicht. Er spricht von einer „verbeulten Kirche", die er sich wünscht, und nutzt aus dem großen vatikanischen Fuhrpark nur noch Kleinwagen wie Ford Focus oder einen uralten Renault 4. Auch seinen Staatsbesuch in den USA inszenierte er entsprechend. Inmitten von riesigen schwarzen gepanzerten amerikanischen Limousinen fuhr er in einem kleinen weißen Fiat 600 vor dem Weißen Haus vor. Franziskus will, dass „die Hirten nach ihren Schafen riechen" und mischt sich als Bewohner weiterhin unter die Gäste in der vatikanischen Pension Santa Marta, anstatt in den Gemächern im apostolischen Palast zu residieren. Was der Papst in seinen Predigten und Meditationen gesagt hat, werden nur wenige hören, geschweige denn behalten. Die Bilder, die er produziert, hingegen bleiben bei den Menschen haften. Und sie haben eine klare Signalwirkung in die Organisation hinein. Ohne dass die vatikanische Spesenordnung, sofern es so etwas überhaupt gibt, formal geändert worden wäre, wird keiner der hohen Prälaten heute noch auf die Idee kommen, sich im Damasushof mit einer dicken S-Klasse vorfahren zu lassen oder in Rom nach einem feisten Palazzo als Residenz zu verlangen.

Hingabe: Achtsamkeit und Ambition

„Es wäre eine Freude zu leben, wenn jeder die Hälfte
von dem täte, was er von anderen verlangt."
(José Ortega y Gasset)

Solidarität und Egoismus – diese beiden menschlichen Regungen bestimmen in Corona-Zeiten das Verhalten. Und zwar auf allen Ebenen: von Staaten über Regierungen und Bundesländer, bis hin zu Unternehmen und einzelnen Bürgern. Beides ist in so ausgeprägter Form beobachtbar wie seit dem Zweiten Weltkrieg nicht mehr. Wenn es eng wird, dann wird es eben menschlich, oft allzu menschlich.

Wie dicht Solidarität und Egoismus beieinanderliegen, ja sich sogar überlagern können, zeigt der Verlauf der Diskussion über das Tragen einfacher Schutzmasken. Zunächst wurde ein Mund- und Nasenschutz abgelehnt mit dem egoistischen Argument: Das schützt ja nicht den Träger. Dass das Verwenden von Schutzmasken ein Gebot der Achtsamkeit anderen gegenüber ist – diese Idee konnte den Leuten nur mit einiger Anstrengung hinterbracht werden. Dabei ist der Gedanke so klar: Wenn alle den Schutz tragen, sind alle geschützt. Wer ausschert, verhält sich nicht mehr solidarisch, sondern egoistisch.

Auch Führungskräfte werden nun fast täglich und meist handfest mit der Gretchenfrage konfrontiert: Wie hältst du es mit der Achtsamkeit? Und wie ist deine wirkliche Ambition?

120

Noch bis Ende 2019 konnten sich Top-Manager hinter vagen, aber wohlklingend formulierten Firmenleitbildern, Mission-Statements und Litaneien von „core values" verstecken. Seit Anfang 2020 zählt nur eines: die Tat.

Und hier bietet sich dem aufmerksamen Beobachter ein sehr vielfältiges Bild: Da gibt es Unternehmensführer wie den CEO von Lanxess, Matthias Zachert, der schon in den ersten Tagen der Krise sofort Schutzmasken aus dem eigenen Bestand an Kliniken spendete, die Produktion von Desinfektionsmittel hochfuhr – nicht um es zu verkaufen, sondern um es zu verschenken. Er und sein Team stellten sicher, dass an jedem Arbeitstag ein Vorstand im Unternehmen ist. Und zwar nicht nur auf der Teppichetage der Unternehmensführung, sondern sich – natürlich mit entsprechendem Abstand und Schutzkleidung – an der Front, bei den Mitarbeitern in der Produktion, sehen lässt. Lanxess war auch eines der ersten Unternehmen, dessen Vorstand freiwillig auf Gehalt verzichtet hat, weil Mitarbeiter in Kurzarbeit ja auch Gehaltseinbußen hinnehmen müssen.

Natürlich gab es auch Unternehmen, die erst einmal Schutzausrüstung für sich horteten, schon nach wenigen Tagen Zahlungen an Lieferanten und Vermieter einstellten, plötzlich Schutzmasken produzierten und zu überhöhten Preisen verhökerten. Und CEO, die es sich wohlig mit Kaffeetasse und Kapuzenpulli im Homeoffice einrichteten und sich fortan überhaupt nicht mehr bei ihren Leuten sehen ließen – während in der Produktion, im Außendienst und in den Filialen unter erschwerten Bedingungen malocht wurde.

Über Achtsamkeit und „Mindfulness" gibt es Regalmeter an wissenschaftlicher und anwendungsorientierter Literatur. In fast jedem Großunternehmen fanden in den letzten Jahren entsprechende Seminare und Schulungen statt. Trotzdem wurde diese Idee in den Unternehmen nie recht verstanden und deshalb auch nicht angenommen. Dem Begriff haftet etwas Weiches, ja Verweichlichtes an.

Ganz zu Unrecht, denn – das zeigen alle Studien – Achtsamkeit ist ein harter Erfolgsfaktor. Insbesondere in komplexen Führungssituationen. „The most important thing I learned is that soldiers do what their leaders do. You can give them classes and lecture them forever, but it is your personal example they will follow" – dieser Satz des US-Generals Colin Powell gilt eins zu eins für Führungskräfte. Und übrigens auch für Eltern.

Achtsamkeit als Tugend

Die Veröffentlichung der Halbjahreszahlen eines Konzerns ist meist kein Anlass, der Journalisten und Fotografen elektrisieren würde. Entsprechend langweilig ist meist die Berichterstattung, entsprechend fad sind die Fotos dazu. Deswegen hatten sich die PR-Strategen der Bahn vor ein paar Jahr etwas anderes ausgedacht: einmal nicht Bahnchef vor ICE-Modell im Bild, sondern Bahnchef umringt von Auszubildenden.

Das Interessante daran ist nicht der PR-Gag, sondern wie sich der damalige Bahnchef Rüdiger Grube in dieser Situation verhalten hat. Er fand die Idee seiner Leute gut, fragte aber sofort nach, ob man wisse, was man den jungen Leuten damit zumute. Aus dem Ausbesserungswerk direkt vor die Linsen der Fotografenmeute in der Hauptstadt. Er bestand darauf, den Auftritt mit den Jugendlichen am Vorabend höchstpersönlich zu üben. Anderntags, am Morgen vor der Pressekonferenz, waren die

Lehrlinge schon früh da, der oberste Eisenbahner traf auch früh ein und ging dann direkt auf die jungen Leute zu, begrüßte sie alle mit Namen und fragte dann seinen Stab: Warum haben die kein Frühstück? Wer kümmert sich da nun sofort drum?

Das ist Achtsamkeit. Für Menschen und für Details.

Von den sehr verschiedenen Auffassungen, was Achtsamkeit ausmacht, will ich hier nur zwei wiedergeben, die meines Erachtens für die Führungspraxis relevant sind. Nennen wir sie „Achtsamkeit für Menschen" und „Achtsamkeit für Details". Man könnte auch sagen „Achtsamkeit als Wesenszug" und „Achtsamkeit als Konzept".

„Wer andere führen will, muss erst einmal sich selbst führen", sagte mir mal ein österreichischer Bischof. Und da ist was dran. Ohne Selbstachtung und Selbstbeobachtung keine Achtsamkeit gegenüber anderen. In den unzähligen Videokonferenzen, die uns Corona beschert hat, musste ich oft an diesen Zusammenhang denken. Mir kam die Geschichte in den Sinn, wonach sich Joseph Haydn jeweils seine besten Kleider anlegte, ehe er sich hinsetzte, um zu komponieren. Er tat dies aus Achtsamkeit gegenüber sich selbst und seinem Werk gegenüber.

Zwischen Selbst-Isolation und Selbst-Vernachlässigung

Welch gänzlich anderes Bild bietet sich uns da in den heutigen Videokonferenzen. Man kann jene Führungskräfte an einer Hand abzählen, die sich Gedanken gemacht haben, wie ihr Auftritt und ihr Outfit auf die anderen Teilnehmer wirkt. Ist es wirklich angemessen, wenn man mit Drei-Tage-Bart und Hoodie (oder war es gar der Schlafanzug?) vor einem mit Reiseführern und Konsalik-Romanen gefüllten Billy-Regal mit Sonnenuntergangsposter an der Wand über die Zahl der Corona-Toten im Unternehmen spricht? Hier scheint es bei so manchem einen fließenden Übergang von Selbst-Isolation über Selbst-Optimierung zur Selbst-Vernachlässigung zu geben.

Besonders ernüchternd war eine ins Internet verlegte Preisverleihung der Unternehmensberatung Boston Consulting Group und des Manager Magazins, zu der sich viele Spitzenleute aus der deutschen Wirtschaft zugeschaltet hatten. An sich eine gute Idee, die jährliche Ehrung der 100 Top-Frauen in Zeiten der Kontaktsperre nicht ausfallen zu lassen, sondern im Internet vorzunehmen. Hochkarätig präsentierte sich denn auch die Riege der Redner. Neben der Laureatin, Henkel-Aufsichtsratschefin Simone Bagel-Trah, kamen auch Douglas-CEO Tina Müller, Multi-Aufsichtsrätin Clara Streit und IG-Metall-Funktionärin Christiane Benner zu Wort.

Wenig würdevoll war dann aber die Umsetzung. Sogar die beiden Moderatoren fanden es offenbar nicht nötig, sich für diese Preisverleihung ordentlich anzuziehen, und scheuten selbst den kleinen Aufwand, hinter sich einen angemessenen virtuellen Hintergrund einzublenden. Stattdessen ließ man die Zuseher an unaufgeräumter Jugendzimmer- und trostloser Homeoffice-Atmosphäre teilhaben. Ganz bitter wurde es freilich, wenn man einen raschen Blick auf die Videoeinblendungen der anderen Gäste warf: gähnende Gesichter, Kaffee schlürfende Münder, Wasserflaschen im Gesicht und allesamt im Freizeitlook. Wie sagte Karl Lagerfeld mal: „Wer eine Jogginghose trägt, hat die Kontrolle über sein Leben verloren."

Derlei Videokonferenzen zeigen – im wahrsten Sinne des Wortes – ungeschminkt, was Realität in vielen Führungsetagen ist: Der Fokus auf das eigene Ego. Das ist den Leistungsträgern zunächst einmal nicht vorzuwerfen. Denn wie Spitzenleister im Sport oder in der Musik lernen auch Top-Manager, ihr Umfeld so auf sich zu kalibrieren, dass sie kontinuierlich Leistung auf höchstem Niveau erbringen können. „Fokussierung und Priorisierung von Tätigkeiten innerhalb eines eng begrenzten Handlungsfeldes, deutliche Reduzierung bis hin zur Vernachlässigung anderer Lebensbereiche, zur Leistungserbringung bestdienliches Umfeld, Förderung durch bzw. Orientierung an einzelne/n Personen sowie zum anderen perfekt funktionierende Supporting-Teams und angepasste private Unterstützungsnetze", beschreiben die beiden Psychologen Ulrike und Peter Wollsching-Strobel in einer umfangreichen Studie das typische Öko-System von Spitzenleistern.

Der konsequente Fokus auf sich selbst und die eigene Leistung verstellt dann aber häufig den konzentrierten Blick auf die Anderen, auf deren Wahrnehmung von einem selbst – und die kleinen Dinge des Lebens. Natürlich kann man die Frage, wie jemand gekleidet ist, als Oberflächlichkeit abtun. Ist es aber nicht. Es ist auch ein Ausdruck des Respekts, der Achtsamkeit. Ein Signal: Ich habe mir Mühe gegeben für euch, für Sie. Wer sich Gedanken macht, was er zu welchem Anlass anzieht, tut dies nicht – zumindest nicht in erster Linie –, weil er sich dann besser fühlt. Sondern weil er will, dass sich die Anderen besser fühlen, weil er seine Anerkennung ausdrücken will – für eine besondere Leistung, die erbracht wurde oder gerade erbracht wird. Sei es auf der Bühne, in der Abteilung, in der Familie oder auf dem Schlachtfeld.

„Das tiefste menschliche Bedürfnis ist das Bedürfnis nach Anerkennung", schrieb der große amerikanische Psychologe William James. Dieses Bedürfnis ehrlich und angemessen zu bedienen, das ist die vornehmste Aufgabe einer Führungskraft.

Leider passiert nur allzu häufig genau das Gegenteil. Da freuen sich die Mitarbeiter oder Kunden, dass endlich ein „Oberboss" kommt, der spricht dann aber nur mit wenigen ausgewählten Leuten. Und wenn er mit einem spricht, dann schweift sein Blick schon wieder durch den Raum, ob nicht noch jemand Spannenderes, Wichtigeres da ist. Besondere Beachtung verdienen auch Führungskräfte, die zwar kräftig Hände schütteln, dabei aber schon einen anderen anschauen.

Nicht nur in der Wirtschaft wird mit dem Motivationsfaktor Anerkennung so nachlässig umgegangen. In Kirche und Militär ist es kaum besser. Da rauscht ein General schneidig in einen Saal mit jungen Generalstabsoffizieren, um einen zum Oberstleutnant zu befördern. Die feierliche Angespanntheit im Saal fällt wie ein Soufflé zusammen, als klar wird, dass der General die Beförderung tatsächlich im Kurzarmhemd vornehmen will – als gälte es hier den Sieger eines Beachvolleyball-Turniers zu beglückwünschen. Gewiss, im Sommer ist es halt wärmer mit langen Ärmeln, aber im Einsatz in Afghanistan läuft auch kein Soldat in Badehose rum. Dann gibt es da den Bischof, der gerade seiner Limousine entsteigt und von einer fröhlichen Schar aus dem angrenzenden Kindergarten ob der Pracht seines Gefährts und Ornats bewundert wird. Statt auf die begeisterten Kinder zuzugehen, rauscht er vorbei und raunt bedeutungsschwanger: Er müsse nun zu einem wichtigen Termin.

„Große Führungskräfte sind wirklich präsent. Sie konzentrieren sich auf ihr Gegenüber. Sie geben einem für eine Sekunde das Gefühl, man sei der interessanteste Mensch auf Erden", stellt der Management-Guru Tom

Peters fest. Sie konzentrieren sich darauf, diese Zuwendung zu schenken. Das ist keine Frage der Begabung, sondern der Achtsamkeit und der Konzentration.

So ist beispielsweise der FIAT-Erbe und Agnelli-Enkel John Elkann einer der schüchternsten und zurückhaltendsten Menschen, denen ich je begegnet bin. Er weiß aber um seine Rolle, zumal in Italien, wo der jugendlich wirkende Milliardär von der Bedeutung her gleich hinter dem Staatspräsidenten rangiert. So hat er trainiert, sich auch im ärgsten Getümmel kurz, aber intensiv auf sein Gegenüber einzulassen. Ich habe das beobachtet bei einem Empfang, den er für italienische Industrielle und Politiker auf der Privatinsel der Familie seiner Frau im Lago Maggiore gab. Bei der Vielzahl von Gästen hatte Elkann vielleicht eine halbe Minute für jeden, diese 30 Sekunden waren dann aber konzentriert und ausschließlich dem einen Gast gewidmet.

Achtsam zuhören

Viele Frauen, darunter auch meine Ehefrau, berichten mal amüsiert, mal verärgert, über das ganz „besondere" Erlebnis, bei einem gesetzten Abendessen neben einem bedeutsamen Mann zu sitzen zu kommen. In aller Regel verläuft der Abend so, dass der Herr spricht und die ihn umringenden Damen bewundernd zuhören dürfen. Häufig fällt es den hohen Herren noch nicht einmal ein, nach dem Namen der Tischdame zu fragen, geschweige denn danach, was sie in ihrem Leben so treibt. Zu fern ist die Vorstellung, dass es jemanden gäbe, der Spannenderes zu berichten hätte als man selbst. Rudolf Steiger konstatiert in seiner nüchternen Schweizer Art: „Viele Führungskräfte sind im Reden besser ausgebildet als im Zuhören."

Manchmal hat man den Eindruck, dass mit dem Aufstieg in die erste Führungsebene ein Schalter umgelegt wird, von „Empfang" auf „(Dauer-)Sendung".

Dabei sollte es eigentlich zu den Kernfähigkeiten einer Führungskraft gehören, aufmerksam hinzuhören, wahrzunehmen und gute Fragen zu stellen.

„Die meisten Menschen hören nicht zu", brachte es Ernest Hemingway auf den Punkt. Das gilt insbesondere für Top-Entscheider. Und selbst wenn sie zuhören, hören sie nicht hin. Der indische Philosoph Jiddu Krishnamurti fächert die Unarten des Hörens wie folgt auf: „Do you listen with your projections, through your projections, through your ambitions, desires, fears, anxieties, through hearing only what you want to hear, only what will be satisfactory, what will gratify, what will give comfort, what will for the moment alleviate your suffering? If you listen through the screen of your desires, then you obviously listen to your own voice; you are listening to your own desires."

Nicht nur das Hinhören, sondern auch das Stellen von Fragen will vielen Führungskräften nicht so recht gelingen, selbst jenen mit guten Absichten nicht. Der renommierte Organisationspsychologe Edgar H. Schein hat in seinem Buch „Humble Inquiry – The Gentle Art of Asking Instead of Telling" vier Grundtypen von Fragen beschrieben, wobei letztlich nur eine Art zu fragen tatsächlich zielführend ist. Es geht darum, zu vermeiden in der eigenen Frage bereits Erwartungen, Diagnosen oder gar Vorwürfe zu verpacken, sondern dem Antwortgeber den größtmöglichen Freiraum einzuräumen. Edgar Schein nennt diese Frageform „humble inquiry", also bescheidenes Nachfragen. Aus seiner Sicht ist es ein guter Einstieg in eine Konversation zu fragen: „Woran arbeiten Sie gerade?" Es drückt ein echtes Interesse aus und gibt keine

Richtung vor. Während hingegen Fragen wie „Wie geht es Ihnen?", „Und – geht es voran?", „Wo liegt gerade Ihr Fokus?" bereits die Richtung für eine Antwort vorgeben, manchmal sogar aufzwängen.

Als Fragetechnik hilfreich ist auch eine Methode, die durch den Gründer von Amazon, Jeff Bezos, eine gewisse Sichtbarkeit erlangt hat. Er arbeitet mit der „Root Cause Analysis", die helfen soll, der Sache auf den Grund zu gehen. Bezos hat sich angewöhnt dreimal hintereinander „warum" zu fragen. Das erinnert ein wenig an kleine neugierige Kinder, muss aber gerade deswegen nicht falsch sein. Auch Tesla-Gründer Elon Musk arbeitet mit einer vergleichbaren Methode. Konkret kann die Warum-Kaskade wie folgt aussehen: Warum sind wir mit unseren Entscheidungen so langsam? Weil wir komplizierte Entscheidungsstrukturen haben? Warum haben wir komplizierte Entscheidungsstrukturen? Weil die über die Jahre so entstanden sind. Warum sind sie über die Jahre so entstanden? Weil sich niemand wirklich darum gekümmert hat, diesen Wildwuchs abzubauen. Diese Fragetechnik hilft also dabei, schnell zum eigentlichen Problem durchzudringen.

Und dies alles geht leichter von der Hand mit einer Prise Humor. Es ist manchmal schon abschreckend wie bierernst Führungspersönlichkeiten sich selbst und ihr Tun nehmen. Dabei liegt es auf der Hand, dass niemand in einer „spaßfreien" Zone arbeiten will, dass ein gutes, freudvolles Klima zum Unternehmenserfolg beiträgt. Schon Martin Luther wusste: „Aus einem verzagten Arsch kommt kein fröhlicher Furz."

Außerdem ist Humor bei einer Führungskraft häufig auch ein guter Indikator für eine gewisse Bescheidenheit. Denn Demut ist gewissermaßen eine enge Verwandte des Humors. Beide Begriffe ruhen auf dem gleichen lateinischen Wortstamm. Humor und humilitas (Demut). Demut wie Humor haben mit der Erkenntnis zu tun, dass ich so, wie ich bin, nicht endgültig, nicht perfekt bin. Achtsame Führungspersönlichkeiten geben ihrem Umfeld genau dieses Signal: Ich bin nicht perfekt, ich stehe menschlich nicht über dir, auch wenn ich dein Vorgesetzter bin. Gerade in Zeiten der Ungewissheit und Krise ist Humor auch ein wichtiges Ventil. Das erlebt gerade jeder von uns, wenn er die große Anzahl von Corona-Witzen und -Karikaturen ansieht, die aktuell per WhatsApp oder Mail jeden Tag eintrudeln.

Achtsam reden

Sprache ist ein wichtiges Instrument der Achtsamkeit. Allerdings gibt es hier einen feinen Grat zwischen Wertschätzung und Geringschätzung. Und Führungskräfte verwenden zu wenig Aufmerksamkeit darauf, ihre Worte zu wägen – insbesondere in Zeiten, wo sie unter Druck stehen. So lagen nach der Nuklearkatastrophe in Fukushima und der von der Politik verordneten Kehrtwende in der Energiepolitik bei manchen Energie-CEO die Nerven blank. Das drückte sich darin aus, dass sie sich verstiegen in herbe Beschimpfungen der Politik und Herabsetzung der eigenen Kunden.

So zeterte der Vorstandschef eines großen deutschen Energieunternehmens in einem Interview, dass sich seine Kunden „davonschleichen". Wer aus seinem Kundenkreis ein paar Solarzellen auf dem Dach montiert hat, ist aus seiner Sicht ein Krimineller: „Ich vergleiche das mit Schwarzbrennerei von Alkohol." Außerdem seien diese Leute „höchst anstrengende Geschäftspartner im Netz", weil sie den Umlagen und Abgaben „entgehen". Er fordert von seinen Kunden, dass sie sich endlich wie „verantwortungsbewusste Marktteilnehmer" verhalten sollten. Zum Höhepunkt strebt seine Suada gegenüber den Bürgern, die sich erkühnen, einen Teil ihres Strombedarfs über regenerative Energien zu decken, als er sie als „Profiteure" brandmarkt.

Inhaltlich mag ja mancher Kritikpunkt, den der Energie-Boss anbringt, durchaus diskutabel sein, absolut indiskutabel ist aber die Art und Weise, wie ein Stromanbieter über seine Kunden herzieht. Der Kunde wird offenkundig vor allem als Problem wahrgenommen. Oder, wie ein anderer CEO aus diesem Sektor einmal trefflich spottete: „Der Kunde steht für uns Energieversorger im Mittelpunkt, nämlich im Weg."

Führungskräfte müssen achtsam sein, weil die Menschen ein gutes Gespür dafür haben, ob man über Gestus und Wortwahl seinen Respekt zum Ausdruck bringt oder eben nicht. Das merken Mitarbeiter, Kunden, Investoren oder auch Journalisten gleichermaßen. Wie mangelnde Authentizität ist auch mangelnde Achtsamkeit eine gefährliche Störgröße, die das, was eine Führungskraft eigentlich an Botschaften senden will, komplett überlagern kann.

Insbesondere in ausgeprägten Stresssituationen braucht es Achtsamkeit. Das hat beispielsweise der Discounter Aldi in der Corona-Krise gut erkannt und eine schöne Social-Media-Aktion ins Leben gerufen, die all jenen dankt und Respekt zollt, die trotz Pandemie an vorderster Front ihren Dienst tun. Aldi schreibt: „Füreinander da sein und aufeinander achten – das ist jetzt wichtiger denn je. Bei Aldi sorgen wir gemeinsam dafür, dass ihr mit möglichst allem versorgt seid. Deshalb möchten wir nicht nur unseren Mitarbeitern danken, sondern auch euch. Jetzt mitmachen und füreinander da sein!" Das Unternehmen betont, dass es Verkäufer, Krankenpfleger, Ärzte, Lageristen, Kassierer und Postboten sind, auf die sich unsere Gesellschaft in der Corona-Krise besonders verlassen muss. Abgesehen von den Ärzten fehle es jedem dieser Berufe leider an gesellschaftlicher Anerkennung und Prestige. Die Wichtigkeit dieser Berufe und des Zusammenhaltes innerhalb Deutschlands verdeutlicht Aldi dann mit entsprechenden YouTube-Videos.

Vom richtigen Tadel und falschen Lob

„Etwas vom Schlimmsten ist im zwischenmenschlichen Bereich das Übersehen-Werden", schreibt Rudolf Steiger in seinem Ratgeber „Menschenorientierte Führung" und beleuchtet die Bedeutung von Lob und Tadel. Richtiges Feedback – egal ob positiv oder negativ – ist unheimlich motivierend für Mitarbeiter. Falsches Feedback hingegen verpufft oder, schlimmer noch, kränkt die Menschen. Steiger, der über viele Jahre die Schweizer Militärakademie geführt hat, hat sich ganz praktisch wie auch akademisch mit dem Thema Lob beschäftigt. Nach seiner Erfahrung wirkt Lob besonders dann aufbauend und motivierend, wenn es wie folgt aussieht:
– es würdigt überdurchschnittliche Leistungen bzw. bes
– es beruht auf klaren und den Mitarbeitern bekannten Kriterien;
– es wird nicht zu häufig und vor allem nicht routinemäßig ausgesprochen („kein Gießkannen-Prinzip");
– es erfolgt in persönlicher und menschlicher Form.
Tadel wiederum soll eindeutig formuliert sein, zeitnah und nicht im Affekt ausgesprochen werden, in der Regel unter vier Augen erfolgen und Verbesserungsmöglichkeiten aufzeigen. Von Übel ist hingegen eine im Eifer des Gefechts geäußerte diffuse Enttäuschung im Monatsrückblick.

Achtsamkeit als Konzept

Im Unterschied zur unternehmerischen Praxis, wo das Augenmerk auf einem achtsamen Umgang miteinander liegt, liegt der Fokus der Wissenschaft beim Thema

„Achtsamkeit" auf Konzepten der Resilienz. In den letzten Jahren hat das Wort „Resilienz" in Politik, Wirtschaft und Militär eine gewaltige Karriere gemacht und findet sich nun in vielen Strategiepapieren an zentraler Stelle wieder. Allein im „Weißbuch zur Zukunft der Bundeswehr" aus dem Jahr 2016, dem wichtigsten sicherheits- und verteidigungspolitischen Dokument der Bundesregierung, wird der Begriff mehr als zwei Dutzend Mal gebraucht.

Resilienz bezeichnet die Fähigkeit, Krisen zu bewältigen und mit psychischen Belastungen und Unerwartetem sinn- und wirkungsvoll umzugehen. Die Corona-Krise ist nicht mehr und nicht weniger als der umfangreichste Resilienz-Test, dem Politik, Wirtschaft und Gesellschaft seit dem Zweiten Weltkrieg ausgesetzt sind. Und es ist offenkundig, dass es ganz erhebliche Unterschiede gibt, wie resilient einzelne Staaten, Gesundheitssysteme und Unternehmen aufgestellt sind.

Am härtesten getroffen sind jene, die sich für unverwundbar halten und (zunächst) mit einer gewissen Überheblichkeit agieren. Relativ gut durch die Krise kommen Staaten und Unternehmen, die ein feines Gespür für Warnsignale haben und frühzeitig Reaktionsschemen etabliert und beübt haben. Im Übrigen kam auch Corona nicht aus dem Nichts. In der Drucksache 17/12051 „Unterrichtung durch die Bundesregierung" vom 3. Januar 2013 findet sich eine Risikoanalyse für den Ausbruch einer Pandemie mit dem SARS-Coronavirus, die sich wie ein Drehbuch des Verlaufs der Corona-Krise 2020 liest. Über folgendes Szenario dachten die Autoren schon 2013 nach: „Mehrere Personen reisen nach Deutschland ein, bevor den Behörden die erste offizielle Warnung durch die WHO zugeht. Darunter sind zwei Infizierte, die durch eine Kombination aus einer großen Zahl von Kontaktpersonen und hohen Infektiosität stark zur initialen Verbreitung der Infektion in Deutschland beitragen. Obwohl die laut Infektionsschutzgesetz und Pandemieplänen vorgesehenen Maßnahmen durch die Behörden und das Gesundheitssystem schnell und effektiv umgesetzt werden, kann die rasche Verbreitung des Virus aufgrund des kurzen Intervalls zwischen zwei Infektionen nicht effektiv aufgehalten werden." Auch in der Prognose des Zeitpunkts liegt das Gutachten ganz nah dran: „Das Ereignis beginnt im Februar in Asien, wird dort allerdings erst einige Wochen später in seiner Dimension/Bedeutung erkannt."

Klare Alarmsignale gab es also bereits Anfang 2013. Allerdings fehlte offenkundig weltweit die Achtsamkeit, dieses Szenario ernst zu nehmen und entsprechende resiliente Strukturen zu schaffen und zu beüben. Nach meiner Kenntnis haben nur Singapur und Südkorea entsprechende Vorkehrungen getroffen. Wie eingangs beschrieben, könnte man CORONA auch als „continuous reluctance of noting alerts" buchstabieren.

Achtsamkeit als Konzept wurde im Wesentlichen formuliert durch Karl. E. Weick und Kathleen M. Sutcliffe. In deren 2007 erschienenen Buch „Managing the Unexpected: Resilient Performance in an Age of Uncertainty" beschreiben die Forscher, dass es letztlich fünf Faktoren sind, die einen kollektiven Zustand der Achtsamkeit erzeugen und Organisationen in die Lage versetzen, Krisen und Störfaktoren früher zu erkennen und diesen wirkungsvoll zu begegnen. Erstens richten sie ihre Aufmerksamkeit eher auf Fehler als auf Erfolge. Selbst kleinste Abweichungen werden erfasst und intensiv analysiert. Fehler sind nicht peinlich, sondern lehrreich. Zweitens gibt es dort einen ausgeprägten Widerwillen, Dinge grob zu vereinfachen. Maxime ist hier der berühmte Satz von Albert Einstein: „Man muss die Dinge so einfach wie möglich machen. Aber nicht einfacher."

Verpönt sind auch vorschnelle Kategorisierungen oder Sätze wie „Das ist ja bekannt" oder „Das haben wir schon vor Jahren untersucht". Stattdessen herrscht eine große Aufgeschlossenheit für die Vorstellung, dass die Dinge auch ganz anders liegen könnten, als sie sich prima facie darstellen. Drittens gibt es ein feines Gespür für die Relevanz sauberer Abläufe und Prozesse. Als Beispiel werden hier „High reliability"-Bereiche genannt wie das Cockpit von Flugzeugen. Natürlich ist es wichtig, dass die Crew auch das weitere Umfeld und die Destination im Blick haben, ihr Fokus muss aber darauf liegen, das Flugzeug in die Luft zu bringen, in der Luft zu halten und sicher wieder zu landen. Stichwort: „Fly the aircraft first". In der Vergangenheit gab es tragische Unfälle, weil diese so scheinbar banale Regel missachtet wurde. Die volle Aufmerksamkeit gilt der „messy reality" in der Routine. In „Hochzuverlässigkeitsbereichen" ist der Normalfall immer der Ernstfall. Oder wie es Weick und Sutcliffe ausdrücken: „the first error is the last trial".

Viertens haben resiliente Organisationen gelernt, dass nach der Krise vor der Krise ist. Sie kämen niemals auf die Idee, dass eine Lösung oder ein System, das man entwickelt hat, einen erst einmal absichern. Deshalb setzen sie ihre Systeme und Prozesse regelmäßig unter massiven Druck und konfrontieren ihre Teams mit überraschenden Szenarien. Ziel ist es, in der Organisation drei Kernfähigkeiten zu entwickeln: auch unter erheblichem Stress arbeiten zu können, Rückschläge rasch zu verdauen und kontinuierlich aus Debriefings zu lernen. Zudem haben sie gelernt „uncommitted resources", also entsprechende Reserven an Personal und Material vorzuhalten, für den Fall dass sich die Krise ausweitet. Natürlich wird dem geneigten Leser nun auffallen, dass das genau die Strategie beschreibt, dem das Gesundheitswesen in Deutschland nach anfänglichem Zögern in der Corona-Krise folgt.

Fünftens wissen diese achtsamen Organisationen, dass es keinen zwingenden Zusammenhang zwischen Hierarchie und Expertise gibt. Meist ist es so, dass es bestimmte Personen weiter unten in der Hierarchie sind, die über besonderes Fachwissen oder situationale Erfahrung verfügen. Diese Expertise ist in Zeiten von Ungewissheit und Krise wichtiger als Schulterklappen. Im Militär spricht man vom „strategic sergeant" und hat – wie bereits erwähnt – gelernt: Das Wissen liegt an der Front. Nicht anders ist es in Unternehmen. Auch hier hat die Corona-Krise in vielen Unternehmen erstmals deutlich gemacht, wie entscheidend es ist, um spezielle Fähigkeiten von Mitarbeitern zu wissen. Und einen definierten Weg zu haben, dieses Wissen auch urbar zu machen.

Die Bedeutung von Achtsamkeit dürfte im Zuge der Corona-Krise jedes Unternehmen erkannt haben. Wie weit man als Firma oder Team auf diesem Weg ist, das ist nicht schwer herauszufinden. Es gibt sehr einfache Tests, mit denen man dies selbst bewerten kann. Unter der Überschrift „Assessments for checking the mindfulness of your organisation" hat beispielsweise Professor Tobias Scheytt vom Institut für Controlling und Unternehmensrechnung an der Helmut-Schmidt-Universität in Hamburg einen sehr guten, leicht handhabbaren Fragebogen entwickelt.

„Jeder Mensch hat etwas, das ihn antreibt", so lautet der Slogan einer Werbekampagne der Volks- und Raiffeisenbanken. Bei einer echten Führungspersönlichkeit darf dieser Antrieb nur einen einzigen Ausgangspunkt haben: der Stolz auf die eigene Mission, das eigene Produkt, die eigene Dienstleistung – die brennende Sehnsucht, die Welt damit besser zu machen. Führung hat immer etwas Missionarisches – egal ob in Kirche, Politik, Wirtschaft oder Militär.

Mit äußerster Vorsicht zu genießen sind indes Führungskräfte, deren Motivation nicht ganz klar ist. Gefährlich, manchmal sogar toxisch sind Persönlichkeiten, bei denen es Zweifel gibt, ob es ihnen wirklich um die Sache geht – oder doch in erster Linie um sie selbst. Gleichwohl ist dieser Typus in Führungsetagen häufig anzutreffen.

Im laufenden Betrieb selbst ist schwer zu unterscheiden, welche Motive einen Top-Entscheider gerade antreiben: berechtigte Anliegen oder nur schierer Eigennutz?

Wer sicherstellen will, dass auf der Kommandobrücke nur Seeleute ankommen, die das Meer lieben und nicht (nur) die weiße Uniform, muss früh hinschauen. Deshalb schenken erfolgreiche Institutionen der Auswahl und Förderung ihrer Führungskräfte höchste Aufmerksamkeit. Und versuchen schon sehr zeitig zu spüren, wie echt die Ambitionen der Aspirantinnen und Aspiranten sind.

Um das Persönlichkeitsprofil eines Menschen zu ermitteln, dafür gibt es heute eine Vielzahl von Tests und Assessment-Möglichkeiten. Was meines Erachtens aber zu kurz kommt, ist der persönliche Augenschein. Generell nimmt man sich zu wenig Zeit, um sich mit Kandidatinnen und Kandidaten zu beschäftigen. Ein flüchtiges Treffen in einem Konferenzraum am Flughafen und dann vielleicht noch ein zweites, und schon ist ein Nachwuchstalent angeheuert.

Auswahl braucht Zeit

Die wichtigste Ressource, die es für eine sorgfältige Auswahl des Führungskaders braucht, ist Zeit. Man muss sich ausgiebig mit den Kandidaten befassen. Daran krankt es heute. Ich erinnere mich an einige Firmenpatriarchen aus früheren Zeiten, die Kandidaten jeweils ein paar Tage mit zum Segeln genommen haben oder auf die Jagd. Das würde heute allein aus Compliance-Gründen wohl nicht mehr gehen. Aber natürlich lernt man nach drei Tagen in der Enge eines Segelbootes oder einer Jagdhütte vieles über bis dahin Unbekannte.

Gang und gäbe waren in der Vergangenheit auch mehrere Abendessen mit den Kandidaten, an denen auch die Ehepartner teilnahmen. In diesem Setting erfährt man mehr über die Bewerber als in jedem noch so ausgeklügelten Gespräch. Und erhält ganz nebenbei auch einen Eindruck, ob von Seiten der Familie eigentlich ein weiterer Karriereschritt gewünscht bzw. unterstützt wird.

Sehr oberflächlich ist häufig das Einholen von Referenzen. Wenn überhaupt, werden jene zwei Namen kontaktiert, die vom Kandidaten genannt wurden. Es spricht nichts dagegen, deutlich mehr Kontakte für Auskünfte zu verlangen. Und sich diskret in der Branche umzuhören. Inzwischen gibt es auch sehr seriöse Dienstleister, die ausschließlich auf Basis von öffentlich zugänglichen Quellen ein Dossier erstellen und auch gewisse Implausibilitäten im Werdegang skizzieren können, die man dann mit den Kandidaten diskutieren sollte. So berichtete mir unlängst ein CEO von einem Bewerbungsgespräch mit einem Vorstandskandidaten, der stolz von seiner Teilnahme am New York Marathon und seinen sonstigen sportlichen Spitzenleistungen berichtete. Da der CEO selbst mehrfach den Marathon in New York gelaufen war, wunderte er sich über einige Aussagen des Kandidaten, da die Details nicht stimmten. Eine Überprüfung ergab dann, dass der Bewerber nie in New York gelaufen war. Und wohl auch sonst nie an einem Marathon teilnahm.

Pseudovertrautheit als Problem

Gefährlich für die Auswahl von Führungspersönlichkeiten ist ein Phänomen, das ich „Pseudo-Vertrautheit" nenne. Man kennt eine Person aus einem anderen Umfeld, sei es ein Aufsichtsrats- oder Beiratsgremium, aus einem Verband oder gar aus privaten Zusammenhängen. Dort macht diejenige oder derjenige eine gute Figur. Nolens volens rückt dieser Kandidat ins Blickfeld, wenn im eigenen Haus eine Neubesetzung ansteht. Auf einen formalen Auswahl- und Assessment-Prozess wird dann verzichtet, da man den Bewerber ja schon gut kennt – wohl eher: gut zu kennen glaubt. Gerade Familienunternehmen, die klassische „Search"-Prozesse mit Personalberater nicht sonderlich schätzen, tappen manchmal in diese Falle.

Auch auf die Bewertung von Managern, die bereits im Unternehmen tätig sind, wird in der Regel wenig Zeit verwendet. Klassische Führungsthemen werden explizit nur sehr selten besprochen, der Fokus liegt auf Sachthemen. Allenfalls beim jährlichen Mitarbeitergespräch und nach Vorliegen der Mitarbeiterbefragung wird über das Führungsverhalten geredet – meist nicht mehr als eine Stunde.

Das führt dazu, dass die Bewertung von Top-Entscheidern meist sehr stark an deren Sachmanagement und kaum an deren Führungsqualitäten ausgerichtet wird. Ja, manchmal wird wissentlich darüber hinweggesehen, dass jemand als Führungskraft problematisch ist, weil bei ihm ja die „Performance" stimmt. Da werden Extravaganzen geduldet. Und ignoriert, dass Mitarbeiter schlecht behandelt werden. Die hohe Personalfluktuation bei einem bestimmten Manager wird schöngeredet, anstatt deren Ursachen zu ergründen.

Kurzfristig mag diese Haltung für ein Unternehmen Performance bringen, mittel- bis langfristig führt diese Nachlässigkeit in Sachen Führungskultur in den Abgrund. Weil gute Leute abgeschreckt werden, die Gefahr von Compliance-Problemen steigt und schon wenige „problematische" Führungskräfte die Kultur des Unternehmens verschieben können. Rasch ist ein Zustand erreicht, wo Probleme und Fehler nicht mehr offen angesprochen werden, weil das den Zorn bestimmter Top-Manager auslösen könnte. Oder schlimmstenfalls wird ein System von Ko-Abhängigkeiten erzeugt, wo jeder – führungstechnisch – irgendwelche Leichen im Keller hat und man sich wechselseitig nicht mehr kritisiert.

Kundenfokus geht verloren

Häufig sind es gerade auch diese Unternehmen, die peu à peu den Draht zum Kunden verlieren. Das Unternehmen und seine Führungskräfte sind sehr stark mit sich selbst beschäftigt. Der Kunde steht da dann am Ende der Nahrungskettte. Der CEO eines Dax-30-Unternehmens schickte mir mal, offensichtlich ziemlich angenervt, folgende SMS: „Bin gerade mit Journalisten … dann wieder x Stunden Investoren … Leben im Konzern kann so schön sein, wenn man sich vor Kunden verstecken möchte, kann man das hier den ganzen Tag :)."

Nachhaltig erfolgreiche Unternehmen hingegen sorgen dafür, dass ihre Führungskräfte ihre Produkte kennen, für ihre Produkte brennen und genügend Zeit mit den Kunden verbringen. „Man muss in die eigene Firma und die eigenen Produkte tief verliebt sein", erklärt der Schweizer Unternehmer Michael Pieper (Artemis Group) sein Erfolgsrezept. „Wenn Ihnen die Liebe zum Verkaufen fehlt, sollten Sie sich einen anderen Job suchen. Und nicht die Führungskraft mimen", stellt der Managementberater Tom Peters unumwunden klar. Letztlich ist es immer die Figur an der Spitze, die vorlebt, wie ambitioniert und passioniert die Mannschaft zur Sache geht.

In den letzten Dekaden wurden die Führungsebenen vieler Unternehmen von Ex-Beratern, ehemaligen Investmentbankern und sonstigen Portfolio-Schiebern überrannt. Das Ergebnis sind Vorstandsgremien ohne Sinn und Passion fürs Produkt. Wie bitte soll ein Verlagshaus gedeihen, wenn im Vorstand kein einziger Journalist sitzt? Wie kann ein Automobilhersteller erfolgreich sein, dessen Vorstände kaum selbst am Steuer sitzen, sondern sich ständig durch die Gegend chauffieren lassen? Oder wie soll ein Handelshaus wieder Wind unter die Flügel kriegen, wenn der Chef niemals freiwillig in einem seiner Läden einkaufen würde?

Auf der Messe CeBit hatte ich vor vielen Jahren einmal eine Podiumsdiskussion zu moderieren, zu der auch der Unternehmer Jörg Sennheiser eingeladen war. Der umgängliche Herr traf pünktlich ein, blickte mit blankem Entsetzen auf die Tontechnik, die nicht aus seinem Hause stammte, und bedeutete mir, dass er unmöglich mit etwas

anderem als einem Sennheiser-Mikrophon sprechen könne, er aber gerne auf die Schnelle die entsprechende Tech-
nik bereitstellen werde.

Das mag schrullig klingen, aber es ist nur konsequent.
Und jeder passionierte Unternehmer wird genauso agieren. So wird Hans-Arndt Riegel immer sofort korrigie-
rend eingreifen, wenn man in seiner Gegenwart von
„Gummibärchen" und nicht von „Goldbären" spricht,
so wie Michael Hilti blitzschnell klarstellt, dass er „Bohr-
hämmer" und nicht „Bohrmaschinen" herstellt. Die Liste
lässt sich beliebig fortsetzen.

Wenn es um das eigene Produkt geht, hört der Spaß
auf. Und zwar gleich in doppelter Hinsicht: Einerseits ist
jede Führungskraft oberster Markenbotschafter für die
Produkte und Dienstleistungen seines Hauses. Andererseits ist man als Führungskraft auch erster Qualitäts-
beauftragter, der zu jeder Zeit und Stunde Beschwerden
und Klagen der Kunden entgegennehmen und ernst nehmen muss.

Immer im Dienst

Ambitionierte und passionierte Chefs haben stets ein offe-
nes Ohr für Kundenbeschwerden. Das ist gerade bei Unternehmen wie Bahn, Post oder in der Touristikbranche
natürlich nicht gerade vergnügungssteuerpflichtig, aber
es gehört zur Aufgabe dazu. Für Top-Führungskräfte gilt
die alte Formel des Soziologen Albert O. Hirshman: „exit,
voice or loyality". Es gibt drei Optionen für Manager:
Wenn die Produkte und Dienste meines Unternehmens
gut sind, muss ich loyal und unermüdlich für sie werben.
Wenn sie nicht in Ordnung sind, muss ich meine Stimme
erheben und dafür sorgen, dass die Dinge in Ordnung

kommen. Wenn das auch nicht gelingt, muss ich das Unternehmen verlassen.

Das Gehalt von Führungskräften enthält auch das Schmerzensgeld zu jeder Zeit und Stunde, auch im privaten Umfeld, konstruktiv mit Kritik und Beschwerden umzugehen. Schockierend in dieser Beziehung ist ein Gespräch, von dem mir ein namhafter deutscher Top-Manager berichtete. Er saß bei einem Abendessen neben der Ehefrau eines anderen Granden aus der Deutschland AG, die ihn auf den Kopf zu fragte: „Sie Armer, Sie werden sicher auch so häufig von Kunden angequatscht wie mein Mann. Ist das nicht unverschämt?"

Ein probater Schnelltest, um herauszufinden, wie nah die eigenen Führungskräfte am Kunden sind, ist der folgende: Lassen Sie sich einfach mal die Reisekostenabrechnungen Ihrer wichtigsten Mitarbeiter aus den letzten sechs Monaten geben und schauen Sie nach, wie oft dort Kundentermine draufstehen. Das könnte ernüchternd sein.

Ein deutscher Fußballtrainer rief seinen Jungs zu: „Männer denkt an die drei großen A's: Angriff, Abwehr und Angagement!" Die kleine orthografische Schwäche sei ihm verziehen, denn sein Satz weist den Weg. Nicht wenige Unternehmer und Manager werden Begriffe wie Ambition oder Engagement als zu schwach empfinden, um das zu umschreiben, was sie ehrlich umtreibt.

Für Auto-Vermieter-Legende Erich Sixt geht es um „volle Attacke". „Dieser Wille ist notwendig. Sie müssen volle Attacke gehen", verriet er in einem Interview mit dem Unternehmermagazin „Impulse". Und ergänzte: „Ein Ziel ist wichtig. Und das muss so weit entfernt liegen, dass alle sagen: Bist du irre? Nur so kommt man weiter. Als ich 1969 startete, habe ich mir vorgenommen: Ich will 1000 Autos vermieten. Nicht 10, nicht 100, 1000! So habe ich dieses Ziel erreicht." Ähnlich äußert sich auch Stephen Schwarzman, der Gründer und Chef des Investmenthauses Blackstone, in seiner unlängst erschienenen Autobiographie: „If you're going to submit yourself to something, it's as easy to do something big as it is to do something small. Both will consume your time and energy, so make sure your fantasy is worthy of your pursuit, with rewards commensurate to your efforts."

Achtung toxisch! Vor falschen Ambitionen wird gewarnt

Gerhard Dammann leitet als Ärztlicher Direktor die Psychiatrische Klinik im schweizerischen Münsterlingen. Sein Spezialgebiet ist die Therapie von Persönlichkeitsstörungen. Nach seiner Beobachtung ist der Narzissmus eine der Leitneurosen der Gegenwart, die sich leider ausgerechnet in Führungsetagen in ganz erheblichem Umfang bemerkbar macht. In seinem Buch „Narzissten, Egomanen, Psychopathen in der Führungsetage" illustriert er, was passiert, wenn Führungspersönlichkeiten von den „falschen" Ambitionen wie Machthunger, Statusstreben, Gier oder Vergeltungsgelüsten angetrieben werden.

Als krasses Beispiel nennt er Larry Ellison, den Gründer der Softwarefirma Oracle. Über die Wirtschaftswelt hinaus bekannt wurde Ellison durch sein millionenschweres Engagement im Profi-Segelsport und die Siege seiner High-Tech-Yachten beim America's Cup 2010 und 2013. Ellison wurde in der Bronx als uneheliches Kind geboren, wurde nach neun Monaten zu seiner Tante gegeben. Im Mathematikstudium zeigte er zunächst hervorragende Leistungen, fiel dann aber – als die Stiefmutter starb – durch und schmiss deswegen die Hochschule hin, ohne jeden Abschluss.

Aus Büchern eignete er sich dann Fachwissen zum Thema IT an und gründete dann nach mehreren unternehmerischen Zwischenschritten Oracle. Privat liegen vier Ehen hinter ihm. Dammann schreibt über ihn: „Wegen seines aggressiven und charismatischen Führungsstils ranken sich um Ellison zahlreiche ‚Mythen', die sehr gut sein Bedürfnis, das tiefsitzende Minderwertigkeitsgefühl durch Gesten der Überlegenheit zu kompensieren, zeigen. Nach einem Segelrennen soll er nach dem Sieg schleunigst zum Flughafen gefahren sein, dort seinen Kampfjet bestiegen haben, um über den Köpfen der Segler zu kreisen und den Nachzüglern damit eine weitere Demütigung zuzufügen. Das ‚Motto' dieses Unternehmers lautet: ‚It's not enough that I succeed, everyone else must fail'. "

Larry Ellison ist ohne Frage eine Extremausprägung einer toxischen Führungsfigur. In der ein oder anderen Form ist derlei Verhalten aber in den männlich dominierten Teppichetagen häufiger anzutreffen, als man sich wünschen würde. Und seit einigen Jahren hat der Typus des „strong leaders" wieder eine gewisse Konjunktur. Nicht nur in der Politik, sondern auch in der Wirtschaft. „In Krisenzeiten steigt die Sehnsucht nach Superhelden", konstatiert die Philosophin Lisz Hirn in ihrem 2020 erschienenen Buch „Wer braucht Superhelden: Was wirklich nötig ist, um unsere Welt zu retten".

Der Begriff „toxische Führer" wurde in den 90er-Jahren geprägt und beschreibt einen dysfunktionalen Führungsstil, der die Beziehung zwischen Führer und Geführten missbraucht und letztlich die Gruppe bzw. die Institutionen in einem schlechteren Zustand zurücklässt, als er sie angetroffen hat. Der Hintergrund von „toxischer Führung" kann mindestens zwei Ursachen haben: entweder klassischen Narzissmus, wie oben beschrieben, oder eine über die Jahre entstandene Hybris bei der betroffenen Person. Der Unterschied: Narzissmus ist angeboren und kaum kurierbar. Hybris hingegen wächst über die Zeit; und welches Ausmaß erreicht wird, hängt stark davon ab, ob ihr Schranken gesetzt werden oder nicht.

Ungeachtet, ob nun Hybris oder Narzissmus der Hintergrund sind, findet die Entwicklung in einem sogenannten toxischen Dreieck statt. Dieses besteht aus der toxischen Führungskraft, einem dies begünstigenden Umfeld und aus anfälligen Gefolgsleuten.

Zeiten mit erheblichen Ungewissheiten und Bedrohungen sind ideale Brutstätten für toxische Führungspersönlichkeiten. Hier können sie ihre manipulativen und demagogischen Fähigkeiten, mit der Opponenten herabgesetzt werden, voll entfalten. Und ihre eigene Wirklichkeit konstruieren. „Der Demagoge schließlich steigert die Ängste seiner Gefolgschaft, damit der weitere Ausbau der Abwehrmechanismen der Verleugnung, der Verstümmelung und der Zerstörung der Wirklichkeit vorangetrieben werden kann", beschreiben die Ökonomen Guy Kirsch und Klaus Mackscheidt in ihrem Buch „Amtsinhaber, Staatsmann, Demagoge" die Strategie des toxischen Führers. Und natürlich erscheint einem da sofort Donald Trump vor Augen, der es mit Verleugnen der Wirklichkeit und Zurechtmachung der Welt, wie sie ihm gefällt, bis ins Weiße Haus gebracht hat.

Aber auch in der Wirtschaft hat dieser Typus aktuell gute Karten. Insbesondere in Branchen, deren Geschäftsmodell akut bedroht ist. Und objektiv große Ungewissheit herrscht, wie die Zukunft aussieht. Nehmen wir die Auto-Industrie. Hier ist meines Erachtens eine Entwicklung zu beobachten, dass differenziert argumentierende Top-Entscheider, die zugeben, dass man nicht so genau weiß, wo die Reise hingeht, abgelöst werden. Und an deren Stelle Führungspersönlichkeiten treten, die „klar sagen, wo es lang geht", die „alles auf eine Karte setzen", die den Mitarbeitern das Gefühl der Sicherheit vermitteln. Unter der Überschrift „Der Knochenbrecher" porträtierte Ende 2019 die Süddeutsche Zeitung Volkswagen-Chef Diess. Und charakterisierte ihn weiter als „laut, gnadenlos und erfolgreich. Dafür wird er bewundert und gefürchtet. Jetzt setzt er voll auf E-Mobilität". Es ist nicht bekannt, dass Herbert Diess diese Zuschreibung nicht gefallen hat.

Weil diese Entwicklung, insbesondere in männlich dominierten Chefetagen, sichtbar ist, gibt es erfreulicherweise auch schon erste Warnrufe. So setzte die Chefin des Verlagshauses Gruner+Jahr, Julia Jäkel, einige Wochen nach dem Artikel in der Süddeutschen Zeitung eine kluge Replik. Sie sagte: „Wir verspüren keine Sehnsucht nach Alphatieren, die schreien: ‚Mir nach, ich allein sag euch, wo es langgeht.' Wir haben viel Energie in allen Bereichen auf allen Ebenen, die genutzt werden will. Das funktioniert besser mit Führungskräften, die gut zuhören und damit Kräfte freisetzen können, als mit Alphatieren."

Ein erschreckendes Bild über den aktuellen Zustand in vielen Unternehmen zeichnet hingegen die Financial Times: „It is a myth that the majority of big companies are scientifically run, efficient places. In reality they are often shambolic, crawling with would-be dictators and damaging feuds. If central command is driven by testosterone, then is it surprising that decision-making is erratic? All this is a strong argument in favour of diversified management cadre – by age, sex and type. It might just help to reduce the insanity, and make industry more productive and sustainable."

Toxizität entfaltet sich über die Zeit. Und es ist nicht ganz einfach zu detektieren, wann gesundes Selbstbewusstsein, das eine Führungskraft natürlich braucht, in krankhafte Hybris übergeht. Und es braucht viel Aufmerksamkeit, um zu erkennen, wann aus dem für Top-Entscheider normalen Quäntchen Narzissmus ein maligner Narzissmus wird.

Psychologen weisen darauf hin, dass bestimmte Persönlichkeitsmerkmale, die narzisstisch veranlagten Persönlichkeiten eigen sind, zunächst einmal im Interesse der Institution sein können. Neben dem destruktiven oder psychopathischen Narzissmus gibt es auch einen „produktiven" Narzissmus. Letzterer ist durchaus erwünscht, da er Persönlichkeiten zu hohen Leistungen motivieren kann. Aber genau dies macht es so schwierig, als Organisation mit narzisstischen Führungskräften richtig umzugehen. Wann kippt es? Wann tritt die echte Ambition, leidenschaftlich fürs Produkt, die Idee, die Mission zu kämpfen, in den Hintergrund? Ab wann überlagern die falschen Ambitionen alles andere?

Als Merkmale narzisstischer Persönlichkeitsstörungen nennt die Amerikanische Psychiatrische Vereinigung APA insgesamt neun Kriterien, beim dauernden Vorhandensein von mindestens fünf Merkmalen sprechen die amerikanischen Psychiater von einer „narzisstischen Persönlichkeitsstörung". Als Führungskraft sollte man sich tunlichst hüten, gewissermaßen als Hobbypsychologe, irgendwelche Diagnosen über Mitarbeiter oder Kollegen zu stellen. Gleichwohl macht es Sinn, den nachfolgenden Kriterienkatalog zu kennen.

Gewinnt man den Eindruck, dass bei bestimmten Menschen zu viele der nachfolgend genannten Punkte auffällig sind, sollte man das Gespräch mit der Personal-entwicklung im Hause suchen, um eine entsprechende professionelle Expertise in diesem Fall sicherzustellen. Und herauszufinden, ob es eher um (kurierbare) Hybris oder (schwer bis gar nicht zu behandelnden) Narzissmus geht. Die Organisationsberatung hält mit Assessment Center, Management Appraisal, Coaching oder kundig angeleiteter Selbstreflexion hinreichend Instrumente be-reit, um der Auffälligkeit auf den Grund zu gehen. Nur eines darf man nicht: die Auffälligkeit ignorieren.

Als Alarmsignal also können die folgenden Merkmale dienen, wenn sie bei einer Person gehäuft und dauerhaft vorkommen:

- Übertriebenes Selbstwertgefühl (eigene Fähigkeiten und Talente werden übertrieben; Erwartung, selbst ohne besondere Leistung als „etwas Besonderes" beachtet zu werden);
- ständige Phantasien grenzenlosen Erfolgs, Macht, Glanz, Schönheit oder idealer Liebe;
- Ansicht, als Mensch besonders und einzigartig zu sein und deshalb nur von besonderen Menschen (etwa mit höherem Status) verstanden zu werden oder mit solchen verkehren zu wollen;
- ständiges Verlangen nach Bewunderung;
- Anspruchsdenken;
- zwischenmenschliche Beziehungen werden ausgenützt, um die eigenen Ziele zu erreichen;
- Mangel an Einfühlungsvermögen;
- Neid auf andere oder sich beneidet fühlen;
- arrogantes, überhebliches Verhalten.

Bei Neueinstellungen oder Gesprächen über den Fortgang der Karriere raten erfahrene Psychologen die Aufmerksamkeit u. a. auf folgende Fragen zu lenken:

- Kann der Kandidat bei Problemen different seinen eigenen Anteil daran sehen?
- Kann jemand Fehler zugeben und sich entschuldigen?
- Weist der Lebenslauf eine gewisse Kontinuität auf?
- Übt die Person eine Faszination aus?
- Hat die Person langjährige Mitstreiter und Freunde?
- Hat der Kandidat seine Projekte jeweils beendet?
- Kann jemand auch die Leistung von anderen voll würdigen?
- Wie beziehungsfähig ist die Person im privaten Bereich?
- Entsteht mit dem Kandidaten ein wirkliches Gespräch oder neigt er zu Monologen?

Zudem gibt es ein paar Marker, die auf toxische Risiken bei Führungskräften hinweisen können. So nennt die einschlägige Fachliteratur z. B. eine Serie großer Erfolge, entsprechende Sichtbarkeit in den Medien, Lob aus der Peer group, viel diskretionärer Handlungsspielraum, wenige formale Beschränkungen in der Aufgabe und schwache Governance als entsprechende Risikofaktoren. Zudem gibt es linguistische Marker, die helfen, toxische Persönlichkeiten zu erkennen. Sie nutzen ihren eigenen Nachnamen („beim Müller gibt es sowas nicht") oder gar das royale Wir („wir sind der Meinung") und greifen gehäuft auf Worte wie „sicher", „gewiss", „gewinnen", „Erfolg", „dominieren", „erobern", „zerstören" oder „Schicksal", „Geschichte" oder gar „Gott" zurück. Als Lektüre hierzu empfehlen sich die Tweets von Donald Trump. So jener vom 7. Oktober 2019: „in my great and unmatched wisdom, consider to be off limits, I will totally destroy and obliterate the Economy of Turkey". Oder im Wahlkampf am 27. Februar 2016: „Trump is a genius (…) I want a brilliant man to run this country".

Ab in die Suppenküche

Männer und Frauen, die unter ihren Freunden und Bekannten keine sogenannten normalen Menschen mehr haben, sondern bei denen – frei nach Metternich – der Mensch beim Vorstand anfängt, führen kein Sozialleben, sondern werden, im strengen Wortsinne, asozial. Solche Führungskräfte verlieren die Bodenhaftung, verderben geistig und verdorren seelisch.

Es gilt, die Auswahlkriterien für das Top-Personal neu zu definieren. Die Devise muss lauten: Wer in der Organisation nach oben will, muss auf dem Boden bleiben und auch draußen im Leben stehen. Dafür brauchen die „High Potentials" den Freiraum, einen kleinen Teil ihrer Zeit sich mit anderen und für andere zu engagieren – ob im Kindergarten, im Sportverein, in der Kirche oder im Gemeinderat. Je höher ein Manager in der Firmenhierarchie steigt, desto härter muss das sein, was ihm an sozialem Einsatz abverlangt wird. Es mag verstörend klingen, aber warum sollte der Chef eines Dax-Konzerns nicht verpflichtet werden, mehrere Tage im Jahr im Krankenhaus Besuchsdienst zu machen, in der Suppenküche für Obdachlose zu helfen oder einsame Menschen in Altersheimen aufzusuchen? Da fehlt die Zeit? Nun, dann empfehle ich den Herren einfach, zwei oder drei Charity-Events sausen zu lassen und lieber selbst Hand anzulegen. Gerade die Corona-Krise hat gezeigt, wie wichtig und wie wirkungsvoll bürgerschaftliches Engagement für ein „gesundes" Gemeinwesen ist – und wie viele Möglichkeiten es gibt. Das ist ein Wettbewerbsvorteil von Deutschland: So meldeten sich nach einem Aufruf der Bundeswehr in kürzester Zeit freiwillig 17.000 Reservisten, pensionierte Ärzte und Pflegekräfte machten wieder Dienst, fast überall boten spontan zu Hause sitzende Studenten Einkaufsdienste für isolierte Nachbarn an.

Hoffentlich wird dieses „Corona-Momentum" auch zu einem Umdenken bei den Programmen für Nachwuchsführungskräfte führen. Anstatt die jungen Aufsteiger zum wiederholten Male an die Uni St. Gallen, nach Fontainebleau oder nach Harvard zu schicken, wäre soziales Engagement wohl die bessere Variante – sei es vor der Haustür oder in einer AIDS-Station in Südafrika. Wesentliche Lernziele dürften heute eigentlich feststehen: Demut, Empathie, Flexibilität. Als Pflichtlektüre sollte man jungen und alten Managern den Aufsatz „Von der Seele" von Hermann Hesse ins Gepäck geben. Darin schreibt er: „Sie haben ihre Seele verloren in der Welt des Geldes, der Maschinen, des Misstrauens. Sie sollen sie wiederfinden, und sie werden krank und leiden, wenn sie die Aufgabe versäumen. Aber was sie dann haben werden, wird nicht die verlorene Kinderseele mehr sein, sondern eine weit feinere, weit persönlichere, weit freiere und verantwortungsfähigere. Nicht zum Kind, zum Primitiven zurück, sollen wir, sondern weiter vorwärts, zu Persönlichkeit, Verantwortlichkeit, Freiheit."

Haftung: Aufrichtigkeit und Ausdauer

„Grundsätze muss man so hoch hängen, dass man noch darunter hergehen kann." (Franz-Josef Strauß)

Die Zahlen sind schlechter als erwartet. Und es geht alles länger als erhofft. Mit dieser Situation musste sich die Bundeskanzlerin in der Corona-Krise zunächst abfinden. Über lange Strecken gab es schlicht keine guten Nachrichten zu verkünden. Punkt. Ähnlich verhält es sich mitunter bei Unternehmen, die einen Sanierungs- oder Transformationsprozess durchlaufen. Oder dem Militär in diffizilen asymmetrischen Konflikten mit wenig Geländegewinn und permanenten Rückschlägen.

Führungskräfte haften für das, was sie tun und was sie sagen. Und auch für das, was sie nicht tun und nicht sagen. Aber gerade in Krisenzeiten ist die Versuchung groß, die Lage doch ein wenig besser darzustellen, als es die Fakten hergeben. Ein wenig „window dressing" zu betreiben. Ein paar schnelle Erfolge, sogenannte „quick wins" aus dem Ärmel zu zaubern. „Es wird nie mehr gelogen als vor der Wahl, während des Krieges und nach der Jagd." Dieser Satz wird Otto von Bismarck zugeschrieben. Er gilt bis auf den heutigen Tag.

Ebenso verlockend ist es, die Verantwortung auf andere abzuwälzen, wenn es nicht läuft. Auch diese Verhaltensweise ist in der Corona-Krise nicht selten zu beobachten. Insbesondere bei jenen Top-Managern und Unternehmern, die vor der Krise wenig für die Ausdauer ihrer Firmen getan haben – ja, sogar ganz im Gegenteil, durch die Minimierung des haftenden Eigenkapitals und Aktienrückkaufprogramme die Durchhaltefähigkeit ihrer Firmen schwächten.

Alternative Fakten

In Zeiten der Ungewissheit hat Unaufrichtigkeit Konjunktur. Das wahre Ausmaß an Falschinformation, dem wir uns in dieser Situation ausgesetzt sehen, ist schwer zu ermessen. Gerade in Krisenzeiten wird die Öffentlichkeit mit Gerüchten, Mutmaßungen, Verschwörungstheorien und manipulierten Fakten überschwemmt. Weil es kaum sichere Erkenntnisse gibt, wächst bei den Menschen das Misstrauen gegenüber jeglicher Information. Stimmen die aus China gemeldeten Zahlen zu Corona wirklich? Und unsere eigenen Neuinfektionen? Wie belastbar sind eigentlich die Statistiken der Bundesregierung? Geht es den Betrieben wirklich so schlecht? Werden unter dem Deckmäntelchen von Corona und mit kräftigen Zuschüssen des Staates nun eh längst geplante Kündigungen durchgezogen?

Egal wie lange die Krise geht, einen gewaltigen Schaden hat Corona bereits angerichtet: Die Menschen sind verunsichert und werden es bleiben. Fakten wird misstraut. Die Zahl von Leuten, die auch für Verschwörungstheorien aufgeschlossen sind, steigt.

Corona hat das Grundvertrauen der Bürger erschüttert – in gleich zweifacher Art und Weise: Das Virus hat – erstens – den wohlfeilen Glauben zerstört, dass es eh nie so schlimm kommt wie gedacht. Zweitens hat das Virus

Zweifel genährt, ob Politik und Wirtschaft in diesen Zeiten noch über funktionsfähige Frühwarnsysteme verfügen. Oder ob uns auch andere Desaster jederzeit so kalt erwischen können.

Das wird dazu führen, dass künftig das Erregungs-Thermometer der Bevölkerung bei besonderen Vorkommnissen noch schneller und heftiger ausschlagen wird als bisher. Für diese Grundängstlichkeit der Menschen ist nicht COVID-19 ursächlich. Diese Ängstlichkeit gab es bereits vorher. Sie hat sich manifestiert bei Themen wie Einbruchskriminalität, Feinstaubbelastung, Nahrungsmittelsicherheit und vor allem Zuwanderung.

Mit der Corona-Krise hat die Angst vor dem Ungewissen und Unvertrauten eine neue Dimension erreicht. Jetzt kann schon eine kleine, im Zweifel falsche, Meldung über eine mögliche Bedrohung reichen – schon fahren die Medien die Berichterstattung hoch und die Politik das soziale und wirtschaftliche Leben runter. Es reicht ein kleiner Funke, um das Fegefeuer der Ängstlichkeiten wieder zu entflammen.

Finanzkrise als Vertrauenskrise

Eine erste Vertrauenskrise erlebten wir 2008/2009, als zunächst der Markt für Immobilienhypotheken zusammenbrach und dann nach der Pleite von Lehman Brothers das gesamte Finanzsystem in eine schwere Krise geriet. Hier wurde offensichtlich, dass die Finanzmärkte und deren Akteure die Menschen belogen hatten. Und zwar mit Vorsatz. Entlarvend in diesem Zusammenhang war der offener Brief eines scheidenden Goldman-Sachs-Managers in der New York Times vom 14. März 2012: „It makes me ill how callously people talk about ripping their clients off. Over the last 12 months I have seen five different managing directors refer to their own clients as ,muppets', sometimes over internal e-mail." Der Kunde als „Dödel", den es abzuzocken gilt.

Auch in Deutschland gab es massives Fehlverhalten in der Finanzindustrie: Umsatzsteuertricksereien, Zinsmanipulationen, Mauscheleien im Devisengeschäft, unanständige Steuerrückerstattungen beispielsweise durch die sogenannten CumEx-Geschäfte. In den obersten Etagen der Frankfurter Bankentürme hatte sich eine Kultur der Unaufrichtigkeit etabliert.

Die Banker berauschten sich an ihrer eigenen Bedeutung und erlaubten sich eine eigene Deutung der Wirklichkeit. Im November 2009 sagte der Vorstandsvorsitzende von Goldman Sachs, Lloyd Blankfein, den legendären Satz: „Ich bin ein Banker, der Gottes Werk verrichtet." Schöpferkraft legte in dieser Phase auch eine große deutsche Bank hin, die in ihrem Geschäftsbericht plötzlich Kennzahlen zur Eigenkapitalausstattung abdruckte, die es in der Betriebswirtschaftslehre so nicht gab und weltweit auch keine andere Bank verwendete. Man roch die Absicht und war verstimmt: Die Eigenkapitalquote sah so deutlich erfreulicher aus, als sie bei Lichte besehen war. Einem über das Gebaren der Bank besorgten deutschen Finanzminister, damals Wolfgang Schäuble, sagte ein Vorstand dieser Bank dann frech ins Gesicht, dass man als „Global Player" auf „regionale Befindlichkeiten" wie die seinigen nur bedingt Rücksicht nehmen könne. Hochmut kommt vor dem Fall, in diesem Fall hielt sie sogar noch an, als die Finanzindustrie schon im freien Fall war.

Ich war damals überzeugt: Mehr Unaufrichtigkeit als vor und in der Finanzkrise kann es nicht geben. Und nahm an, dass mit der juristischen Aufarbeitung und Bestrafung der Schuldigen eine Manipulation und Lügen in diesem Ausmaß so schnell nicht mehr vorkommen würden. Wir alle wurden eines Besseren belehrt und müssen konstatieren, dass Unaufrichtigkeit heute gewissermaßen unser täglicher Begleiter ist. Einen wesentlichen Anteil daran hat ein Mann namens Donald J. Trump.

Er wurde am 20. Januar 2017 als 45. Präsident der Vereinigten Staaten von Amerika vereidigt. Und beschloss seinen ersten Tag im Amt gleich mit einer eklatanten Lüge. „Das ist das größte Publikum, das je einer Amtseinführung beigewohnt hat", ließ Trump nach seiner Vereidigung verbreiten. Doch Luftbilder zeigten ganz eindeutig, dass viel weniger Zuschauer anwesend waren als einst bei Barack Obama. Später gestand der Fotograf, dass die Bilder von Trumps Zeremonie bearbeitet worden waren. Die Wirklichkeit wurde einfach passend gemacht.

Seither vergeht fast kein Tag, an dem Donald Trump die Weltöffentlichkeit nicht mit Halbwahrheiten und glatten Lügen in Atem hält. Selbst in der Corona-Krise, die Abertausende von US-Bürgern das Leben kostet und Millionen von Amerikanern den Job, kann sich Trump nicht durchringen, einigermaßen aufrichtig mit der kritischen Lage umzugehen. Erst leugnet er Corona, dann ignoriert er die Pandemie, dann redet er sie klein und erfindet irrwitzige Gegenmittel, um schließlich im In- und Ausland nach Schuldigen zu suchen. Wenn etwas von der Ägide Donald Trumps in den Geschichtsbüchern bleiben wird, dann wohl nur zwei Worte: „alternative facts".

Unaufrichtigkeit ist ein schleichendes Gift, das nach und nach bis in die feinsten Verästelungen und Fasern einer Organisation vordringt. Die Trump-Administration ist eine hervorragende Fallstudie, wie so etwas abläuft.

Unaufrichtigkeit entfaltet seine toxische Wirkung aber nicht nur in der Politik, sondern auch in der Wirtschaft. Unternehmen, die in bestimmten Bereichen Unaufrichtigkeit tolerieren oder gar in gewissen Umfang erwarten, werden mittelfristig ganz von diesem „Gift" erfasst. Und nehmen dadurch erheblichen Schaden.

Wie massiv diese Schäden sein können, wurde uns in den vergangenen Jahren mehrfach vor Augen geführt. Siemens musste Milliardensummen im Rahmen der Aufarbeitung von Bestechungsskandalen bezahlen. Volkswagen sieht sich in der „Dieselaffäre" weltweit tausenden von Schadensersatzklagen ausgesetzt; auch hier werden Milliarden fließen. Im Stahl-, Zucker- und Biergeschäft musste das Kartellamt empfindliche Geldstrafen verhängen.

Obwohl es offensichtlich ist, wie drastisch die Folgen von Unaufrichtigkeit in der Wirtschaftswelt sind, gibt es immer wieder neue Fälle, über die man nur staunen kann. So leistete sich 2019 eine Schweizer Großbank einen fast filmreifen Skandal. Da wurden Detektive angesetzt, um Führungskräfte zu beschatten, die das Haus in Richtung eines neuen Arbeitgebers verlassen wollten. Als das aufflog, machten sich die Auftraggeber der Bespitzelung dann aber nicht aktiv an die Aufklärung. Stattdessen wurde nach dem Prinzip „Teflon, Tarnen, Täuschen" verfahren: Die Top-Protagonisten der Bank ließen die Affäre an sich abperlen, zur Tarnung wurden ein paar niedere Chargen entlassen, und die Öffentlichkeit wurde darüber hinweggetäuscht, dass diese Art von Bespitzelung nicht nur ein Einzelfall war. Als der Schweizer Finanzaufsicht FINMA diese Verweigerungshaltung zu bunt wurde und sie selbst eine Prüfung anordnete, besaß die Bank dann sogar die Chuzpe, dagegen gerichtlich vorzugehen. Das Schweizer Bundesverwaltungsgericht wies die Groß-Banker aber in ihre Schranken. Jeder Kunde wird sich überlegen, wie sehr er einer Bank vertrauen will, die mit solchen Mitteln arbeitet. Das Wort Bankgeheimnis bekommt hier einen ganz eigenen Klang.

Einen diametral anderen Weg hat die Deutsche Telekom beschritten, als 2008 rauskam, dass über Monate bestimmte Mitarbeiter die Fernmeldeverbindungen von Journalisten, Gewerkschaftsvertretern und Aufsichtsräten dokumentiert und ausgewertet hatten. Die Obrigkeit im Unternehmen wollte eine undichte Stelle herausfinden, die mutmaßlich Interna nach draußen gegeben hatte. Die Medien sprachen in Anlehnung an den Watergate-Skandal von „Telekom-Gate".

Fast im Schatten dieses massiven Verstoßes gegen Persönlichkeitsrechte hatte der ehemalige Staatsbetrieb mit Bestechlichkeit, Vorteilsnahme und Korruptionsvorwürfen zu kämpfen. Die Telekom war damals in guter Gesellschaft, denn gegen 18 der 30 Dax-Unternehmen liefen staatsanwaltliche Ermittlungen. Man konnte sich des Eindrucks nicht erwehren, dass es auf dem Frankfurter Parkett mindestens so kriminell zuging wie im nahegelegenen Rotlichtviertel der Stadt.

Die Telekom aber war damals ein wahrer Augiasstall. Der damalige Vorstandsvorsitzende René Obermann musste handeln. Und er wollte handeln. Heute sagt er: „Meine Lehre aus der Aufarbeitung dieser Fälle ist heute das konsequente Einfordern unbedingter Redlichkeit und schnelle, konsequente Aufarbeitung von Missständen. Keine Toleranz, auch nicht glauben, man kann böse oder unsaubere Dinge intern still beerdigen. Das wird nicht klappen. Nichts, aber auch gar nichts bleibt in großen Unternehmen auf Dauer verborgen." Und spitzt sein Fazit noch weiter zu: „Es ist für mich heute glasklar: Ein bisschen Bestechung, ein bisschen Geheimdienstspielen, ein bisschen Datenmissbrauch gibt es nicht. Wenn Unehrlichkeit – und sei es nur im Milligramm-Bereich – geduldet wird, wird sie über kurz oder lang das ganze Unternehmen infizieren und verändern."

Obermann plädiert gerade bei „unsauberen Dingen" für eine klare und sichtbare Führungsrolle durch das Top-Management. So schaltete er damals selbst die Staatsanwaltschaft ein und trieb die Aufklärung aktiv voran. Die Telekom hat es nicht bei Entschuldigungen und Entschädigungen belassen, sondern Vorkehrungen getroffen, damit sich solche Vorgänge nicht wiederholen. So hat das Unternehmen als erster Dax-Konzern ein eigenes Vorstandsressort „Datenschutz, Recht und Compliance" eingerichtet. Mit zahlreichen operativen Maßnahmen wurden Sicherheit und Datenschutz verbessert, Audits für Callcenter und Shops erstellt. Mit einem Datenschutzbeirat, in dem auch ausgewiesene Kritiker sitzen, holte sich die Telekom Expertise und Widerspruch in den Konzern.

Ähnlich verfuhr auch Ernst von Freyberg, als er an die Spitze der ständig von Skandalen begleiteten Vatikanbank berufen wurde. Sein Hauptziel als CEO war, die Kultur und die Strukturen des Finanzinstituts kurzfristig so zu verändern, dass „regelgebunden" geführt wird. Für solche Änderungen braucht es zunächst einmal ein vollständiges Set an Regeln. Dass diese formuliert und eingehalten werden, ist eine wichtige Aufgabe der obersten Führungsebene. Danach braucht es klare Dienstanweisungen und entsprechende Trainings für alle Mitarbeiter. Als Kernaufgabe für sich selbst sah Freyberg es aber an, bei allen Mitarbeitern ein gesundes Gefühl, ob Dinge recht oder unrecht sind, zu etablieren. Natürlich im Sinne von legal, aber eben auch im Sinne von legitim.

Freyberg fasst dieses „gesunde Gefühl" zusammen in der Frage „Can we tell?". Geschäfte, über die man nicht öffentlich sprechen kann, sollte man tunlichst unterlassen. Dass die Augen der Weltöffentlichkeit nun in besonderer Weise den Vatikan und dessen Bank fixiert haben, ist für ihn ein Vorteil. Seine Botschaft an die Mitarbeiter der Vatikanbank lautet spiegelbildlich: „Do tell!". Und sie steht für einen Umgang mit eigenen Unzulänglichkeiten. Es muss eine Kultur geben, die bestrebt ist, die Dinge aus dem Dunkel ans Licht zu bringen. Eine Kultur, die die Mitarbeiter und Führungskräfte belohnt, die aktiv aufklären. Im angelsächsischen Raum hat sich dafür der Begriff „Whistleblowing" etabliert, den ich persönlich nicht sonderlich gelungen finde. Das Wort hat etwas Heimliches, Hinterhältiges. Außerdem ist es stark belegt durch den australischen Politikaktivisten Julian Assange, im Deutschen noch treffender ist vielleicht die Formel aus dem Militärjargon: „Melden macht frei." Was nichts anderes heißt als: Wer sich zu Fehlern bekennt, wirft eine Last von sich. Das offene Visier gefällt mir besser.

Ehrlichkeit kostet – und zahlt sich dennoch aus

Der Bestsellerautor und Rechtsprofessor Bernhard Schlink („Der Vorleser") macht die feinsinnige Unterscheidung zwischen „Verantwortung als Liebhaberei" und „Verantwortung im System". Die letztgenannte Art von Verantwortung ist mit realen Kosten verbunden, da sie die betreffende Organisation in ihrer Handlungsfreiheit letztlich beschränkt. Werte engen den unternehmerischen Handlungsrahmen ein. Insofern hat Aufrichtigkeit ihren Preis.

Denn, das stellte schon Robert Bosch klar, langfristig zahlt sich Aufrichtigkeit immer aus. Der geniale Erfinder und Gründer des heutigen Weltunternehmens beschrieb seinen Imperativ wie folgt: „Immer habe ich nach dem Grundsatz gehandelt, lieber Geld verlieren als Vertrauen. Die Unantastbarkeit meiner Versprechungen, der Glaube an den Wert meiner Ware und an mein Wort, standen mir höher als ein vorübergehender Gewinn."

Die Telekom hat sich mit ihrem kompromisslosen Kurs in Sachen Aufrichtigkeit nicht nur Freunde gemacht. Durch die Presse ging einige Jahre später der Fall, als das Unternehmen juristisch gegen die Volkswagen AG vorging und so die Staatsanwaltschaft auf den Plan rief.

Hintergrund war ein Geschäft, das in der „guten, alten" Deutschland AG kaum jemand als anrüchig und wohl niemand als kriminell empfunden hätte. Wie berichtet wird, soll die Volkswagen AG Lieferanten und Dienstleister gedrängt haben, auch den Fußballverein VfL Wolfsburg, mit dem VW eng verbandelt ist, zu unterstützen. So soll VW die Verlängerung eines Großauftrags mit einem Tochterunternehmen der Telekom daran gekoppelt haben, dass der Bonner Konzern auch weiterhin den Wolfsburger Fußball-Bundesligisten durch ein Millionen-Sponsoring unterstützt.

Telekom-Chef Obermann griff in diesem Fall hart durch. Ein verdienter Top-Manager musste sofort gehen, Mitarbeiter und Berater aus dem eigenen Hause wurden wegen Bestechung angeklagt. Obermann schreckte aber auch nicht davor zurück, gegen den Automobilriesen Volkswagen, einen wichtigen Kunden, vorzugehen. Das dürfte real Umsätze gekostet haben. Auch im Kreise seiner Kollegen in den Chefetagen der Großkonzerne war nicht jeder angetan, dass er so kompromisslos agierte. Manche Vorstandschefs empfanden das als Nestbeschmutzung. Aus heutiger Sicht kann man diese Vorfälle rund um Volkswagen durchaus als Frühwarnindikator verstehen für eine Kultur der Unaufrichtigkeit, die sich dann im „Dieselskandal" so richtig manifestierte.

Umsatzverluste und Kollegenschelte hin oder her, Obermann ist heute überzeugt, dass die harte Linie in Sachen Aufrichtigkeit für eine Führungskraft die einzig richtige ist: „Meine persönliche Erfahrung aus den Jahren der Aufklärung und Aufarbeitung, die hinter mir liegen: Ehrlichkeit ist die Basis von allem. Und als Führungskräfte sollten wir unser Hauptaugenmerk darauf richten: in jedem Vorstellungsgespräch, in jeder Verhandlung, in jeder Ausschreibung, bei jedem Projekt. Wir sind persönlich verantwortlich für professionelle Strukturen, tadellose Leute und dafür, dass wir höchstpersönlich einen Instinkt entwickeln, wo es hinzuschauen gilt. "

Führen ist Dienen

Der große alte Mann an der Spitze von Bosch, Hans L. Merkle, verfasste in den 80er-Jahren ein Buch mit dem Titel „Dienen und Führen". In Institutionen, die grenzwertig geführt werden, wird dieses Motto pervertiert in: (sich) be-dienen und führen. Wie schamlos dies geschehen kann, konnte man vor einigen Jahren besonders gut in der Finanzindustrie bewundern. Dort genehmigten sich Top-

Manager obszön hohe Boni, selbst in Zeiten, da ihnen der Steuerzahler den Hintern rettete. Und auch in der Corona-Krise ist wieder eine Diskussion aufgeflammt, ob nicht Vorstände, die Hilfen des Staates in Anspruch nehmen für ihre Unternehmen, eigentlich auf Boni oder Gehalt verzichten sollen. Und die Aktionäre auf Dividende. Ganz offensichtlich haben leider weder die meisten Manager noch Aktionäre aus der Krise 2008/2009 gelernt. Wieder findet ein heftiger Abwehrkampf statt, und Manager wie Aktionäre wollen sich ihre Pfründe sichern. In der Schweiz haben sich einige Banken ganz offen dem Staat widersetzt, der Dividendenverzicht von denen forderte, die öffentliche Hilfen bekommen.

Es gilt im Großen wie im Kleinen: Wer Aufrichtigkeit in seiner Organisation will, muss sicherstellen, dass diese von der Führungsspitze einer Organisation konsequent vorgelebt, sichtbar gefördert und kompromisslos eingefordert wird. Im Großen wie im Kleinen.

Einerseits ist es wichtig, die Führungskräfte und die Mitarbeiter – ohne müde zu werden – für die kleinen Versuchungen zu sensibilisieren und schließlich zu immunisieren. Das geht vor allem durch Vorbilder: Wie nutzt der Vorstand seine dienstlich erworbenen Lufthansa-Meilen? Welche Essen werden als Spesen abgerechnet? Welche Dienstleistungen kauft die Führungsebene vorbei an der zentralen Einkaufsabteilung (sogenanntes „maverick buying") ein? In welchem Umfang nutzt die Führung das Firmensekretariat für private Angelegenheiten? Wie sehr wird der eigene Stab für die Vorbereitung von Aufsichtsratsmandaten in anderen Unternehmen eingespannt? Auch wenn so etwas hinter den Kulissen geschieht – gesehen wird es immer. Und sei es nur von den Mitarbeitern, die diese Dinge „diskret" regeln.

Im Juni 2011 beschäftigte sich die Zeitschrift „Harvard Business Manager" ausführlich mit dem Thema „Der ethische Manager". In dem Artikel wurde analysiert, weshalb sich gute Menschen zu schlechten Dingen hinreißen lassen. Und wie dem vorzubeugen ist. Grundlage waren zahlreiche wissenschaftliche Experimente, in denen untersucht wurde, weshalb Menschen blind für tadelloses, aufrichtiges Verhalten werden. Die Autoren fassten die Ergebnisse zu „fünf Hürden für eine ethisch geführte Organisation" zusammen:

1. Falsche Ziele: So führt der Druck beispielsweise in Beratungsunternehmen oder Anwaltskanzleien, möglichst viele Stunden abzurechnen, dazu, dass die Mitarbeiter unbewusst aufrunden. Deswegen ist es wichtig, beim Ersinnen und Festlegen von Ziel- und Anreizsystemen genau zu überlegen, welche Nebeneffekte damit verbunden sein könnten. Kernfrage: Lohnt es sich zu schummeln?

2. Toter Winkel: Wir tendieren dazu, das unethische Verhalten anderer zu ignorieren, wenn dies in unserem Interesse ist. So stellte sich in Studien heraus, dass das Fehlverhalten eines neuen Mitarbeiters von der Person, die ihn eingestellt hat, seltener registriert wird als von jemandem, der mit der Einstellung nichts zu tun hatte. Zu beobachten ist dieses Phänomen auch im Sport. Dort fragten Trainer trotz auffälliger plötzlicher Leistungssteigerungen ihrer Schützlinge nicht nach den Gründen dafür. Wichtig deshalb: Man muss sicherstellen, dass diejenigen, die eine Führungskraft beurteilen, keine Interessenkonflikte haben. Bewertung durch eine Gruppe ist immer besser als durch Einzelpersonen.

3. Delegierte Drecksarbeit: Eine Führungskraft oder eine Institution will sich selbst nicht die Hände schmutzig

machen, also werden bestimmte Dinge an Dritte delegiert. So verkaufte der US-Pharmakonzern Merck im Jahr 2005 zwei Krebsmedikamente an das kleine Pharmaunternehmen Ovation, die damals von weniger als 5000 Patienten eingenommen wurden und nur eine Million Dollar einbrachten. Kurz nach dem Verkauf setzte Ovation den Großhandelspreis für die beiden Medikamente um 1000 Prozent und mehr nach oben. Merck fertigte die Medikamente auf Vertragsbasis für Ovation. Rückblickend ist klar, was der Grund für den Deal war. Merck wollte die Schlagzeile „Merck erhöht Preise für Krebsmittel um 1000 Prozent" vermeiden. Deswegen: Aufrichtige Führungskräfte fragen bei jeder Outsourcing-Maßnahme oder Delegation danach, ob damit Verantwortung abgeschoben wird. Auch bei medizinischer Schutzkleidung erlebten wir 2020 drastische Preissteigerungen und seltsamerweise gab es auch reihenweise neue Akteure in diesem Markt. Ein Schelm, wer Böses dabei denkt.

4. Schleichende Unmoral: Bekanntlich macht die Dosis das Gift. So auch bei der Unmoral. Wenn sich zweifelhaftes Verhalten stufenweise entwickelt, fällt es uns Menschen schwer, dies zu erkennen und zu benennen. Und das passiert selbst Profis. So ist es beispielsweise für Wirtschaftsprüfer eine schmerzliche Sache, wenn ein Unternehmen, das manchmal ein wenig Bilanzkosmetik betreibt, langsam in den Bereich von Gesetzesübertretungen hinübergleitet. „Why Good Accountants Do Bad Audits" heißt ein entsprechender Warnruf in der „Harvard Business Review" vom November 2002. Was zu tun ist: Selbst kleinste Verstöße gegen die Moral des Unternehmens müssen Sie als Führungskraft alarmieren. Handeln Sie sofort und fin-

den Sie heraus, weshalb es diese Art von Verhaltens-
änderung gab.

5. Überbewertete Ergebnisse: Der Zweck heiligt die Mittel. Wenn das Ergebnis erfreulich ist, sehen wir gerne
auch darüber hinweg, dass die Methoden eher uner-
freulich waren. So wird beispielsweise das Verhalten
eines Forschers, der zwar klinische Studien manipuliert hat, dessen Behandlungsmethode aber Leben ret-
tet, als ethischer eingestuft als das Verhalten seines
Kollegen, der ebenfalls manipuliert, damit aber Todes-
fälle produziert hat. Obwohl beide dasselbe –
wohltätige – Ziel verfolgten. Als Führungskraft sollten
Sie nicht (nur) gute Ergebnisse belohnen, sondern soli-
de, transparente Entscheidungsprozesse einfordern
und positiv herausstellen.

Es gibt viele Rezepte, wie man in einer Organisation zu
mehr Aufrichtigkeit gelangen kann. Andere Regeln und
eine andere Kultur sind die Ansatzpunkte, um im System
etwas zu bewirken. Die besten Rezepte nutzen aber
nichts, wenn die Zutaten nicht stimmen. Deshalb ist am
Ende das wirklich große Thema, die den Charakter einer
Institution bestimmt, die Frage: Stellen wir überhaupt die
richtigen Leute ein? Und kommen in unserem Haus die
richtigen Charaktere nach oben? Selten wird der Weg zu
mehr Aufrichtigkeit erfolgreich sein ohne „andere Leute".

Andere Leute

Aufrichtigkeit ist immer auch eine Personalfrage. Oder,
um es mit Karl Popper zu sagen: „Man kann keine nar-
rensicheren Institutionen konstruieren. Institutionen sind

wie Festungen, sie müssen klug angelegt und richtig bemannt werden." Dass es auf den Kommandobrücken von Wirtschaft, Kirche und Militär teilweise mit der richtigen Bemannung (man verzeihe hier die maskuline Form, aber Frauen sind dort leider bis dato kaum zu finden) nicht weit her ist, nun, das ist inzwischen kaum mehr zu übersehen.

Allerdings gilt es zu unterscheiden zwischen zwei Kategorien von Fehlbesetzungen: den offenkundigen und grenzwertigen. Letztere sind die wirklich gefährlichen und verhängnisvollen.

Offenkundig fehl am Platze sind Führungspersönlichkeiten, die gegen geltende Gesetze verstoßen oder es dulden, dass in ihrer Organisation gegen Gesetze verstoßen wird. Die Rede ist von Korruption, Bestechung, Vorteilsnahme, aber auch von falschen Doktortiteln oder plagiierten Dissertationen. In allen diesen Fällen greifen – zumindest hierzulande, in unserer Mediengesellschaft – meist sehr rasch wirksame Sanktionsmechanismen, die dafür sorgen, dass derlei Führungskräfte an den Pranger gestellt und aus dem Amt entfernt werden. Das ist gut so.

Nur leider reicht es nicht, nur die offenkundigen Scharlatane aus der Organisation zu entfernen, wenn man seinen Laden tatsächlich zur Aufrichtigkeit erziehen will. Süffisant hat das Kardinal Reinhard Marx auf den Punkt gebracht: „Wenn Manager an der Himmelspforte sagen: Ich war nicht vorbestraft. Ich habe hier Zutritt. Da wird man erwidern: Das reicht nicht." Denn das Gesetz und entsprechende interne Normen treffen nur eine Aussage zur Legalität bestimmter Verhaltensweisen, über die Legitimität ist damit noch nichts gesagt. Aber just an dieser Stelle hockt in einer Vielzahl von Institutionen das wirkliche Problem. Deswegen muss der Fokus von Führungskräften darauf liegen, diejenigen zu erkennen, die grenzwertiges Verhalten an den Tag legen oder tolerieren, und dieses in Zukunft zu verhindern.

Ich bin mir sicher, dass jeder von Ihnen schon grenzwertiges Verhalten in seinem beruflichen Umfeld erlebt hat. Und sich wundert, warum das nicht gesehen und dann abgestellt wird, warum man grenzwertige Führungskräfte häufig so lange gewähren lässt. Zumal es meist eindeutige Indikationen gibt, dass da etwas zunehmend aus dem Ruder läuft.

Wenn ein Minister mit Aktenordnern nach seinen Referenten wirft, ein Vorstandschef sein Büro als Hochsicherheitstrakt mit Iris-Scanner aufrüstet oder sich einen Privat-Aufzug von der Tief-Garage ins Büro zur alleinigen Benutzung einbaut, eine Top-Managerin die Sitzbezüge im Firmenhubschrauber auf die Farbe ihrer Kleider abgestimmt haben will oder ein Bischof Millionen für persönliche Annehmlichkeiten ausgibt, dann ist das meist der vorläufige Höhepunkt einer grenzwertigen Karriere, die viele Jahre früher ihren Anfang genommen hat. Dass derlei Entgrenzungen und Entgleisungen keineswegs Ausnahmefälle sind, zeigt der Umstand, dass sich in den USA schon vor einiger Zeit eine eigene Forschungsrichtung mit dem Namen „Management Derailment" etabliert hat. Gegenstand sind Persönlichkeiten an der Spitze von Organisationen, die – scheinbar – plötzlich völlig durchdrehen und entgleisen. Führungspersönlichkeiten sind in der Pflicht, entsprechende Frühwarnsysteme zu etablieren.

Wo offensichtlich krankhaftes Verhalten an der Spitze – der „Tone on the top" – vorkommt und geduldet wird, darf man davon ausgehen, dass die ganze Organisation unter Überheblichkeit leidet. Und das prägt sich dann in folgender Haltung aus: Wer – nach welchem Maßstab auch immer – erfolgreich ist, darf sich was herausnehmen, darf sich über die Regeln stellen. Ganz nach dem Motto: „Das habe ich mir schwer erarbeitet. Das habe ich mir verdient." Es entsteht nach und nach eine Kultur, die es legitimiert, dass für denjenigen, der viel leistet, die Regeln nicht (vollumfänglich) gelten. Wer so denkt, hat die Bodenhaftung verloren.

Ausdauer

Adidas war eine der ersten Firmen, denen in der Corona-Krise die Puste ausging. Das entbehrt nicht einer gewissen Ironie, da der Vorstandschef des Sportartikelherstellers bei seinen Medienauftritten zuvor gerne ein Schlagwort nach vorne schob: Ausdauer. Noch im Januar 2020 posierte er unter der Überschrift „Der Extremsportler" auf der Titelseite des „Manager Magazins". Die Unterzeile lautete: „Keiner optimiert Unternehmen und sich selbst so gnadenlos wie Adidas-Chef Kasper Rorsted".

In seiner Welt scheint es nur um drei Dinge zu gehen: Fitness, Fitness, Fitness. „Rorsted kumpelt nicht. Abends noch ein Bier an der Bar mit Kollegen? No Way. Lieber um sechs Uhr früh gemeinsam joggen, ehe das Business beginnt", beschreibt die Zeitschrift den Führungsstil des Top-Managers. Der Fall „Rorsted" illustriert zwei in Managerkreisen ziemlich verbreitete Missverständnisse: Erstens wird Ausdauer so verstanden, dass man(n) ständig die eigenen Grenzen ausloten muss. Falsch! Ausdauer bedeutet, nachhaltig Reserven aufzubauen und diese im richtigen Moment abrufen zu können. Zweitens: Ausdauertraining wird als Individualsport gesehen. Falsch! Ausdauer aufzubauen gelingt am besten im Team.

Unter extremem Druck, in Krisenzeiten, wird sichtbar, wie verhängnisvoll sich diese beiden Missverständnisse auswirken können. Adidas sah sich, wie vorne erwähnt, schon nach wenigen Wochen nicht mehr in der Lage, seine Miete zu bezahlen. Um kurz danach die staatliche Förderbank KfW um 2,4 Milliarden Euro Kredit zu bitten. „Die aktuelle Situation stellt sogar gesunde Unternehmen vor ernsthafte Herausforderungen", begründete Vorstandschef Kasper Rorsted eher kleinlaut diesen Schritt. Es bleibt aber die Frage, wie gesund ein Sportartikel-Hersteller ist, der nach so kurzer Zeit schon außer Atem ist. Gehört es nicht zu gesunder Führung und gesundem Unternehmergeist, mit entsprechender Eigenkapitalausstattung und Kreditlinien der Hausbanken die Durchhaltefähigkeit seiner Firma wenigstens für einige Monate sicherzustellen?

Durchhaltefähigkeit erhöhen

Durchhaltefähigkeit ist ein Begriff, der häufig im Sport und im Militär gebraucht wird. Das Wort beschreibt die Fähigkeit, hohe und andauernde psychologische und psychische Anforderungen, schwierige Situationen und (innere) Widerstände zielstrebig und beharrlich bewältigen zu können. Die Corona-Krise führt uns vor Augen, wie wichtig Durchhaltefähigkeit ist – und zwar psychisch wie physisch; in der Familie, im Freundeskreis, im Beruf, im Unternehmen und auf staatlicher Ebene.

Wie bereits im Kapitel zur „Achtsamkeit als Konzept" skizziert, sind Reserven in Zeiten der Ungewissheit von eminenter Bedeutung. Das Beispiel Adidas, aber auch die Hilferufe aus vielen anderen Firmen zeigen, dass Manager den Fokus häufig zu sehr auf (kurzfristige) Optimierung und Fitness legen – und dabei die (langfristige) Durchhaltefähigkeit aus dem Blick verlieren.

Das Münchner Wirtschaftsforschungsinstitut ifo veröffentlichte im April 2020 eine Studie, die viel über die Durchhaltefähigkeit der deutschen Wirtschaft aussagt: 29,2 Prozent der befragten Firmen geben an, dass sie nur bis zu drei Monaten überleben können, wenn die pandemiebedingten Einschränkungen für längere Zeit bleiben. Bis zu sechs Monate halten 52,7 Prozent durch. Im Klartext: Weniger als ein Fünftel der deutschen Unternehmen hat eine Durchhaltefähigkeit von mehr als sechs Monaten. Das ist erschreckend und muss zu einem Umdenken in den Chefetagen führen. Die Anreizsysteme für Manager sollten sich an einem Satz orientieren, den die heilige Katharina von Siena bereits vor mehr als 600 Jahren formuliert hat: „Nicht das Beginnen wird belohnt, sondern einzig und allein das Durchhalten."

Es ist auffallend, dass sich die heutige Generation von Top-Managern gerne als Extremsportler betätigt – und sich gegenüber Mitarbeitern und Medien so darstellt. Das ist nicht nur beim Adidas-Chef so. Selbst in der Corona-Krise stellten etliche Top-Manager auf LinkedIn oder Twitter ihre Astralkörper auf Rudermaschine, Laufband oder Rennrad zur Schau. Botschaft: Seht her, was für ein harten Hund ich bin.

Schneller, höher, weiter – so lautet die Devise bei vielen CEO. Einige besonders Sportliche treffen sich im Kreis der „Similauner" zu anspruchsvollen Bergtouren. Diese exklusive Herrenrunde wurde einst vom Verleger Hubert Burda und ehemaligen McKinsey-Boss Herbert Henzler als Bergkameradschaft ins Leben gerufen. Einige der Vorstandschefs scheinen darin aber eher eine Hochleistungs-

Seilschaft als eine Hochleistungs-Sportgemeinschaft zu sehen. Dem Vernehmen nach gibt es in dieser Truppe auch Manager, denen es Freude macht, ihre Kameraden regelrecht zu deklassieren, indem sie auf dem Weg zum Gipfel der Gruppe davonrennen.

Dass der Ehrgeiz in Kreisen der Top-Manager manchmal krankhafte Züge hat, führt auch das Skirennen vor Augen, mit dem bis vor wenigen Jahren das Jahrestreffen des Weltwirtschaftsforums in Davos beschlossen wurde. Jahr für Jahr setzte ein bekannter deutscher Investmentbanker alles daran, à tout prix zu gewinnen. Als einmal ein Journalist mit einer deutlich besseren Zeit durchs Ziel ging, kochte der Banker vor Zorn. Und sorgte dafür, dass im Folgejahr für Manager und Journalisten getrennte Rennen ausgerichtet wurden. Siegertypen sind eben häufig schlechte Verlierer.

Management ist kein Extremsport

Es ist durchaus gefährlich, wenn Top-Führungskräfte das Management eines Unternehmens als Hochleistungs- oder gar Extremsport definieren. Selbstbild und Vorbild dieser Manager verlangen übermenschliche Leistung, die zu oft vom eigenen „Level of ambition" abgeleitet wird. Das hat zwei Konsequenzen: Erstens entsteht im Unternehmen ein impliziter, manchmal sogar expliziter Druck, permanent Höchstleistungen zu erbringen: mehr Wachstum, mehr Gewinn, mehr Tempo – bei gleichzeitig immer schlankeren Strukturen. Das wird begleitet von einem permanenten angestrengten Schulterblick, um zu taxieren, ob die Konkurrenz auch auf Abstand bleibt. Es mag ja sein, dass so kurzfristig Fitness erzeugt bzw. erzwungen wird. Mittel- bis langfristig indes führt diese Strategie zu ausgebrannten Mitarbeitern, aus der Spur fliegenden Top-Managern und ausgemergelten Firmen.

Zweitens: Fehler werden in so einer extremen Unternehmenskultur als Schwäche und Versagen gewertet. Erfolge werden überhöht, Misserfolge kleingeredet oder gar unter den Teppich gekehrt. Auf die Dauer führt das zum Verstummen der kritischen und kreativen Stimmen im Unternehmen. Stattdessen dominieren „Performancekünstler" die Szenerie, die virtuos mit „Key Performance Indicators" (KPI) und sonstigen Leistungsanglizismen zu jonglieren wissen. Mitarbeiter, die sich gar erdreisten, bestimmte Entscheidungen zu hinterfragen, werden als „Bremser auf der Lok" stigmatisiert und meist in unwichtige Funktionen umgeparkt. Eine „Speak up"-Kultur, in der man dem Vorgesetzten offen und klar Vorbehalte oder Vorschläge vortragen kann, gibt es in solchen „Extremumgebungen" nicht (mehr). Denn Superhelden an der Spitze schaffen langfristig keine Hochleistungsorganisationen, sondern meist verkrustete und innovationsfeindliche Gebilde.

Manager als Verbrennungsmotoren

In der Regel dauert es ziemlich genau zwölf Monate, bis sich bei Managern, die CEO werden, also endlich Nummer 1 in der Firma sind, eine handfeste Krise einstellt. Nach einem Jahr realisieren sie, dass sie mit ihrem Transformationsprogramm nicht annähernd so schnell vorankommen wie geplant. Die Mannschaft zieht einfach nicht mit. Analysiert man als Coach mit dem betreffenden CEO die Vorgeschichte, so ist fast immer ein bestimmtes Ver-

haltensmuster erkennbar: Ich nenne es „Manndeckung".
Chefs versuchen am Anfang ihrer Amtszeit, durch das eigene Tempo das Tempo ihres Umfeldes zu bestimmen, also der Organisation den Takt vorzugeben. Und sie sind zu dieser Manndeckung in der Lage. Denn CEO-Typen sind von ihrer Physis und Psyche her so gestrickt, dass sie mehr, härter und länger arbeiten können als andere. Sie stehen früher auf, gehen später ins Bett, sind körperlich fitter und mental fokussierter; sonst wären sie ja nicht so weit nach oben gekommen.

Die australische Profi-Bergsteigerin Kathy O'Dowd berichtet von einer aufschlussreichen Episode aus einer gescheiterten Mount-Everest-Besteigung. In dieser Expedition eilte der beste und leistungsfähigste Bergsteiger bei jeder Etappe mit hohem Tempo voran. Die anderen Bergsteiger und die Sherpas erreichten das Tagesziel jeweils erst viel später. Das Ergebnis war nicht, dass sich das Tempo der Expedition erhöhte. Nein, der beste Mann im Team erkrankte, weil er jeweils Stunden in der Kälte warten musste, bis alle anderen mit den Zelten, den Brennern und dem Proviant eintrafen. Das trieb die Stimmung im Team auf den Nullpunkt. Die Mission wurde abgebrochen.

Ähnlich geht es auch Top-Managern, die ihren Teams ein hohes Tempo aufzwingen wollen. Und davon überzeugt sind, dass sie dauerhaft so schnell gehen können und gehen müssen. Solche Führungskräfte wirken gewissermaßen als Verbrennungsmotoren. Erst verbrennen sie ihre Leute, dann verglühen sie selbst. „Der erste Mann ist immer derjenige, auf den alle fixiert sind. Diese Last sieht man den meisten Menschen in herausgehobenen Positionen auch körperlich an. Sie müssen mal drauf achten, wie die sich über die Zeit verändern", berichtet der ehemalige Vorstandschef der Deutschen Telekom, Kai-Uwe

Ricke. „Die einen werden dicker. Die anderen werden dünner. Man sieht es ihnen auch an den Augen an, im Wesentlichen an den Augen." Ricke ist einer der wenigen Top-Manager, die offen über dieses Phänomen berichten.

„Typischerweise ist es so, dass gerade Personen mit einem subjektiv empfundenen Selbstwertdefizit dazu neigen, große Herausforderungen anzunehmen, und sich große Ziele setzen, um dieses Defizit zu heilen", berichtet Psychiatrie-Chefarzt Gerhard Dammann über seine Erfahrungen mit Managern. In den großen Strategieberatungsunternehmen nennt man diesen Typus „Unsecure overachiever", weil diese Menschen hart arbeiten und dennoch immer mit sich unzufrieden sind und nach Anerkennung ringen.

Genau hier lauert die Gefahr: Dass nämlich extrem ambitionierte Führungskräfte sich mit den selbst gesteckten Zielen überfordern und dann „entgleisen". Das passiert nicht über Nacht, sondern ist ein Prozess, der sich anbahnt. Deshalb ist es wichtig, gerade seine Top-Führungsleute immer unter dem Aspekt der „Derailment"-Gefahr im Auge zu behalten.

Um Überforderung zu verarbeiten, reagieren Personen mit einigen Verhaltensmustern, die auch für Außenstehende Hinweise auf eine (wachsende) Überforderung geben können. Die notorische Überforderung führt bei Menschen zu „seltsamen" Verhaltensweisen. Welche dies sind, dazu hat der Psychologe und Personalberater Rainer Bäcker auf Basis der bisher vorliegenden „Derailment"-Forschung einen Katalog zusammengestellt:

Auf der kognitiven Ebene kann dies eine zunehmende (extreme) Detailorientierung sein; Entscheidungsschwäche; Erklärungsmuster, die ständig stark simplifizieren und die offenkundige Komplexität verleugnen; sogenannte „Privattheorien", die nicht selten skurril wirken oder magisches bzw. voluntaristisches Denken („Ich will das aber so") offenbaren.

Auf der sozialen Ebene kommt es zu Distanzverletzungen (mal große Nähe, dann Kälte); das gänzliche Meiden sozialer Beziehung im Beruf; das Wachsen von Misstrauen und damit verbundener Kontroll- und Überwachungswut; Aufbau von Druck und Angst sowie aggressives Konfliktverhalten (Triumph nach dem Sieg.)

Schließlich gibt es noch die Ebene der Selbstwahrnehmung: Hier fühlen sich überforderte Mitarbeiter schnell angegriffen und gekränkt; sie verweigern sich jeglicher Selbstkritik; oder sie versuchen das eigene Selbst möglichst auszublenden, was sich in totaler Emotionslosigkeit ausdrückt (Inszenierung als reiner Kopfmensch); sie setzen sich selbst unter extrem hohen Anforderungs- und Erwartungsdruck; sie sind dauerhaft angespannt, erweitern deshalb ihre Arbeitszeit und -intensität noch weiter; schließlich kann dies in Selbstausbeutung und Selbstaggression münden.

Verantwortliche Führungskräfte sind in der Pflicht, sorgsam darauf zu achten, ob es frühe Anzeichen einer „Derailment"-Entwicklung gibt – bei Untergebenen, aber halt auch bei Vorgesetzten. Wenn Sie Auffälligkeiten beobachten, müssen Sie fachkundigen Rat suchen. Wegsehen ist keine Option, da „Derailment"-Fälle Existenzen zerstören und Institutionen ruinieren können.

In der Verantwortung von Führungskräften liegt es deshalb sicherzustellen, dass sie selbst und ihre Mitarbeiter gesunde, nämlich einigermaßen realistische Ziele verfolgen. Diese dürfen gerne sehr ehrgeizig sein, aber nicht außerhalb jeder Möglichkeiten. Und gleichzeitig muss für alle klar sein, dass das Scheitern an einem ehrgeizigen Ziel die Persönlichkeit nicht entwertet, sondern der Umstand, dass man sich an das sportliche Ziel herangewagt hat und auch die Verantwortung im Scheiternsfall übernimmt, maßgeblich sind.

Vor allem aber müssen die Ziele für sich selbst und für das Unternehmen auf einer überschaubaren und angemessenen Zeitschiene liegen. Und es müssen Reserven aufgebaut werden für anstrengende Wegstrecken. Gute Führung setzt auf Ausdauer im Sinne von Durchhaltefähigkeit. Und versucht zu vermeiden, dass Ausdauer durch „Selbstausbeutung" erkauft wird.

Höchstleistung entsteht durch psychologische Sicherheit

Höchstleistung kann man als Führungskraft nicht erzwingen. Man kann sie sehr wohl ermöglichen und befördern. Wie das geht, hat die renommierte Harvard-Professorin Amy C. Edmondson herausgearbeitet. In ihrem 2019 erschienenen Buch mit dem Titel „The Fearless Organization. Creating Psychological Safety in the Workplace for Learning, Innovation, and Growth" zeigt sie, dass dort Höchstleistung entsteht, wo hohe Leistungsstandards und hohe „psychologische Sicherheit" gegeben sind. Psychologische Sicherheit bedeutet nicht, dass es in einer Firma besonders freundlich zugeht oder eine bestimmte Sorte einfühlsamer Menschen dort tätig ist. Es geht auch nicht um Vertrauen zwischen einzelnen Akteuren oder moderatere Leistungsziele. Nein, es geht in erster Linie darum, wie mit Fehlern umgegangen wird. Fehler werden in diesem Umfeld nicht als Schwäche angesehen, sondern es wird differenziert analysiert, welche Bedeutung bestimmte Fehler für das Unternehmen haben.

Edmondson unterscheidet drei verschiedene Fehlertypen: Da ist zunächst der „vermeidbare Fehler". Dieser entsteht durch mangelnde Fähigkeiten oder mangelhafte Fertigkeiten, durch Aufmerksamkeitsdefizite oder schlicht durch menschliches Fehlverhalten. Diese Fehler gilt es durch entsprechendes Monitoring und Qualitätsprozesse zu minimieren – eine klassische Managementaufgabe.

Dann gibt es „komplexe Fehler", die auftreten, wenn in einer an sich vertrauten Umgebung plötzlich neue Faktoren wichtig werden, die die Situation vielleicht komplexer oder volatiler machen. Hier besteht die Führungsaufgabe darin, die Organisation achtsamer und aufmerksamer zu machen, um das Neue im Vertrauten zu erkennen. Diese Herausforderungen sind jedem Unternehmen vertraut, das versucht, bestehende Geschäfte zu digitalisieren, also beispielsweise Apps oder Online-Handel einzuführen – oder ein in vielen Märkten bereits erfolgreiches Produkt in einer anderen Weltregion zu verkaufen.

Am anspruchsvollsten, aber auch am interessantesten, ist die dritte Kategorie: „intelligente Fehler". Sie sind typisch für Phasen der Ungewissheit. Für Zeiten, in denen man sich auf nichts mehr verlassen kann, die Zukunftsperspektiven in dichtem Nebel liegen und Weisheiten aus der Vergangenheit nicht weiterhelfen. Entscheidungen haben plötzlich experimentellen Charakter. Und jedes Handeln und Nicht-Handeln ist mit enormen Risiken verbunden. Aktuell befinden wir uns in dieser Phase. In und nach der Corona-Krise ist es unvermeidlich, sich mit „intelligenten Fehlern" auseinanderzusetzen.

Blickt man auf das Pandemie-Krisenmanagement der Bundesregierung und der Bundesländer, besteht dieses, bei Lichte besehen, aus nichts anderem als einer Reihung von „intelligenten Fehlern". So kommt die Seuchenbehörde der Bundesregierung, das Robert-Koch-Institut, im Zwei-Wochen-Takt zu gänzlich neuen Lageeinschätzungen. Nicht weil man vorher versagt hätte, sondern weil sich der Kenntnisstand so rapide verändert hat. Was jetzt nicht mehr richtig ist, war deswegen vorher nicht falsch.

Entsprechend befinden sich auch die Politiker auf einem Pfad „intelligenter Fehler". So war die erste Strategie der Politik, Infektionsketten zu erkennen und zu unterbrechen. Man war zuversichtlich, dass sich so ein Ausbruchsgeschehen größeren Ausmaßes in Deutschland verhindern ließe. Als dies nicht gelang, wurde die Strategie komplett geändert. Ziel war es nun, den Anstieg der Infiziertenzahlen zu drosseln. Und in dieser Zeit Intensivbetten zu schaffen und Schutzmaterial zu besorgen. War es also falsch, anfangs auf die Unterbrechung der Infektionsketten zu setzen? Sicher nicht.

In normalen Zeiten wären sowohl das Robert-Koch-Institut wie auch die politisch Verantwortlichen für dieses Vorgehen von den Medien zerrissen worden – mit dem Kernvorwurf der „Planlosigkeit". Aber genau das ist der springende Punkt. In Zeiten radikaler Ungewissheit kann es nur „Planlosigkeit" geben. Es geht darum, rasch „intelligente Fehler" zu machen und genauso rasch daraus zu lernen.

Unternehmen tun sich mit „intelligenten Fehlern" bisher verdammt schwer. Stattdessen klammern sie sich an Illusionen von Planbarkeit. Sie glauben – selbst jetzt noch – fest daran, dass es vor allem die richtige Strategie ist, die am Ende den Erfolg bringt. Diese Sicht war schon in der Vergangenheit falsch. Und ist nun falscher denn je. Verschiedene Studien haben gezeigt, dass beispielsweise Apple nicht so unheimlich erfolgreich ist, weil man dort in weiser Voraussicht von Anfang an eine geniale Strategie verfolgt hätte. Apple steht heute so glänzend da, weil

Steve Jobs vorlebte, dass man „intelligente Fehler" machen und daraus lernen muss.

Google hat zur Frage der „intelligenten Fehler" sogar ein eigenes Forschungsprojekt aufgesetzt, um zu schauen, wie sehr dieser Faktor zum eigenen Erfolg beiträgt. Das Ergebnis war eindeutig: „Intelligente Fehler", die in einem Umfeld psychologischer Sicherheit gemacht werden, sind der zentrale Erfolgsfaktor. „Scheitere früher. Sei früher erfolgreich", so beschreibt der amerikanische Produktdesigner David Kelley den Erfolg von Apple, Google und Co.

Klassische Großkonzerne haben nach wie vor große Angst vor „intelligenten Fehlern". Ein abschreckendes Beispiel ist hier vor allem die Automobilindustrie. Ihr läutete schon deutlich vor Corona das Totenglöckchen, die Auto-Manager hörten aber einfach weg. Anstatt sich einzugestehen, dass es völlig ungewiss ist, welche Antriebsart sich mittelfristig durchsetzen wird, zwingen die Top-Entscheider ihre Firmen in die Elektromobilität – und gaukeln damit Sicherheit vor. Wasserstoff, Gas oder andere Energiequellen werden marginalisiert. In der Autoindustrie hat sich so in den letzten Jahren eine „Herdenimmunität" gegenüber der Wirklichkeit herausgebildet.

Bezeichnend ist, wie die „Car Guys" alter Prägung mit Elon Musk und seinen unternehmerischen Initiativen umgehen. Ganze Stäbe sind bei den großen Automarken damit beschäftigt, die Aktivitäten von Musk und seiner Automarke Tesla zu beobachten. Allerdings liegt deren Augenmerk nicht darauf, was er gut macht, sondern auf den Fehlern – leider aber einzig und allein auf der Kategorie „vermeidbare" und „komplexe" Fehler. Diese Unzulänglichkeiten werden dann genüsslich aufgezählt, wenn es darum geht, die eigene technische Überlegenheit zu zeigen. Dass Elon Musk „intelligente Fehler" macht und sein

Unternehmen daraus enorm viel lernt, hat sich den Granden der Auto-Industrie noch nicht erschlossen.

Jede Führungskraft sollte für ihren eigenen Verantwortungsbereich erheben, wie es dort um den Faktor „psychologische Sicherheit" bestellt ist. Hierfür gibt es eine einfache Methode, die Amy Edmondson entwickelt hat. Lassen Sie Ihre Mitarbeiter dazu die folgenden sieben Fragen beantworten und bewerten Sie diese mit einem Punktesystem entweder von 1 (stimme gar nicht zu) bis 5 (stimme voll zu) oder von 1 bis 7. Die mit „R" gekennzeichneten Fragen folgenden einer umgekehrten Logik. Hier muss dann eine hohe Punktzahl eingetragen werden, wenn man der Aussage nicht zustimmt und vice versa.

1. Wenn man in diesem Team einen Fehler macht, wird das oft gegen einen verwendet. („If you make a mistake on this team, it is often held against you") *R

2. Mitglieder in diesem Team können Probleme und schwierige Fälle ansprechen. („Members of this team are able to bring up problems and tough issues")

3. Leute in diesem Team lehnen manchmal andere ab, weil diese anders sind. („People on this team sometimes reject others for being different") *R

4. In diesem Team kann man ungefährdet Risiken eingehen. („It is safe to take a risk on this team")

5. Es ist schwierig andere Teammitglieder, um Hilfe zu bitten. („It is difficult to ask other members of this team for help") *R

6. Niemand in diesem Team würde vorsätzlich so handeln, dass meine Anstrengungen untergraben werden. („No one on this team would deliberatively act in a way that undermines my efforts")

7. Bei der Arbeit in diesem Team werden meine besonderen Fähigkeiten und Talente wertgeschätzt und ge-

nutzt. („Working with members of this team, my unique skills and talents are valued and utilized")

Gescheiter Scheitern

Der US-amerikanische Soziologe Peter Sennett bezeichnet „Scheitern" als das letzte große Tabu der Moderne. Und in der Tat, von Scheitern spricht man nicht, wenn überhaupt ist die Rede von suboptimalen Entscheidungen, Fehlsteuerungen, „room for improvement", „lessons to be learned", Herausforderungen oder unglücklichen Weichenstellungen – um das vermeintlich Schmerzhafte in Watte zu packen. Ich bin davon überzeugt, dass Institutionen, die nachhaltig erfolgreich sein wollen, nicht nur eine Fehlerkultur, sondern eine veritable Kultur des Scheiterns brauchen.

Der britische Premierminister Winston S. Churchill, prägte den schönen Satz: „Success is not final, failure is not fatal: it is the courage to continue that counts." Einmal mehr aufzustehen als man hinfällt, dies macht die echte Ausdauer einer Führungspersönlichkeit aus. Voraussetzung für das Aufstehen ist indes, dass man auch mal hingefallen ist, sprich: Fehler gemacht hat; am besten intelligente.

So wird beispielsweise bei der Auswahl von Top-Führungskräften viel zu wenig darauf geachtet, ob und wo die Kandidaten in ihrem bisherigen Leben schon einmal gescheitert sind. Ganz im Gegenteil: Man will den tadellosen, den bruchfreien Werdegang, den Musterschüler, der jede Aufgabe bisher mit Bravour gemeistert hat. Das sind denkbar schlechte Voraussetzungen für eine Führungsposition in Zeiten der Ungewissheit, wo es zwingend ist, dass Fehler gemacht werden. Ich bin der Meinung, dass niemand CEO werden sollte, der zuvor nicht wenigstens einmal richtig auf die Nase gefallen ist. Diesen Punkt betont auch Blackstone-Gründer Stephen Schwarzman: „When you face setbacks, you have to dig down and move yourself forward. The resilience you exhibit in the face of adversity – rather than the adversity itself – will be what defines you as a person."

Der Frage, wie eine Führungskraft wieder aufsteht, wenn sie zu Boden gegangen ist, sollte in Vorstellungsgesprächen intensiv nachgegangen werden. Stattdessen wird heute meist floskelhaft nach Schwächen gefragt. Die Antwort darauf ist dann Standard: Ungeduld. Weil die Bewerber glauben, damit eine (vermeintliche) Stärke unter dem Deckmantel der Schwäche anpreisen zu können. In Wahrheit ist Ungeduld aber wirklich eine Schwäche. Was Führungskräfte in schwierigen Zeiten brauchen, ist eine gesunde Ausdauer. Da Rückschläge zwangsläufig kommen, müssen sie gut mit Scheiternserlebnissen umgehen können. Da vieles zäh erkämpft werden muss, dürfen sie nicht auf schnelle Erfolge aus sein. Vor allem aber müssen sie bereit sein, Verantwortung zu übernehmen. Insbesondere wenn etwas schiefgeht.

Ernest Shackleton als Vorbild

Kurz nachdem Richard Danzig von Bill Clinton zum Marineminister der USA ernannt worden war, veranstaltete der Politiker ein Seminar für leitende Mitarbeiter des Pentagon und hochrangige Marineoffiziere. Im Zentrum dieses Seminars, über das ausführlich in dem sehr lesenswerten Buch „Shackleton's Way" von Margott Morell und

Stephanie Capparell berichtet wird, stand die „Enduran-ce-Expedition" der Jahre 1914 bis 1916 des berühmten Polarforschers Ernest Shackleton.

„Was ist es, was mich an Shackleton so fasziniert? Er ist so etwas wie ein Vorbild für mich (...) Dabei ist er mit all seinen Vorhaben gescheitert!", umschreibt der Bergsteiger Reinhold Messner seine Bewunderung für den britischen Forscher, dessen Schiff schon am Anfang der Reise vom Packeis zerdrückt wurde und sank. Sein Expeditionsziel musste Shackleton aufgeben, aber er setzte sich sofort ein neues: Er wollte seine 27-köpfige Crew aus aussichtsloser Lage heil nach Hause bringen. Was ihm gelang. Auf abenteuerlichste Weise kämpfte er sich mit seinem Team 635 Tage durchs ewige Eis zurück in die Zivilisation. Wie er das anstellte, beschreibt er seinem fesselnden Reisebericht „South: The Endurance Expedition" – eine Pflichtlektüre für jede Führungskraft.

Anders als Richard Danzig hat der Marineminister der Trump-Administration, Thomas Modly, das Buch von Ernest Shackleton wohl nicht gelesen. Der US-Politiker gelangte am Anfang der Corona-Krise zu trauriger Berühmtheit und musste dann seinen Hut nehmen. Zuvor hatte Modly den Kommandanten des Flugzeugträgers „USS Theodore Roosevelt", einen hochverdienten Marineoffizier, entlassen und übel beschimpft. Dieser hatte – nachdem er bei seinem direkten Vorgesetzten kein Gehör gefunden hatte – in einem größeren Verteiler die weitgehende Evakuierung des 5000-Mann-Schiffs gefordert, da sich dort COVID-19 rasant ausbreitete. „Wir befinden uns nicht im Krieg. Keine Marineangehörigen müssen sterben", schrieb Kapitän Brett Crozier in einem vierseitigen Brief an hohe US-Militärs. Ohne Evakuierung müsse mit dem Tod von Soldaten gerechnet werden. Der Marineminister feuerte Crozier unmittelbar nach Bekanntwerden des Schreibens. Und schob öffentlich nach, dass der Kommandeur eines so wichtigen Schiffes jederzeit Führungskraft, Urteilsstärke und Disziplin zeigen müsse. Um den Marineoffizier dann als „zu naiv oder zu blöd" für diese Aufgabe zu beschimpfen. Wem in diesem Fall Urteilsstärke und Disziplin fehlen, liegt auf der Hand. Der Vorstand eines großen Pharmaunternehmens beschrieb seine Führungsmaxime mal so: „You take the risk, I take the blame". Das wäre auch hier die richtige Vorgehensweise für den US-Marineminister als Vorgesetzten des Kapitäns gewesen.

Wie aber kann man als Führungskraft vermeiden, selbst in diese Falle zu tappen? Was hilft auf dem Weg zu einer „fearless organization"? Das beschreiben sehr praxisnah Lars Burmeister und Leila Steinhilper in ihrem kleinen Leitfaden „Gescheiter scheitern. Eine Anleitung für Führungskräfte und Berater". Sie raten Führungskräften für ihren Bereich eine Veranstaltung mit der Überschrift „Die Kunst des Scheiterns – was hilft uns dabei?" durchzuführen. Einerseits um dieses Thema aus der dunklen Ecke der Tabus ins Licht zu holen. Andererseits, um durch ein analytisches Herangehen das Selbstbewusstsein einer Organisation für dieses Thema zu schärfen. „Sie gelangt zu einer einsichtigen Kenntnis der eigenen Potentiale, Risiken und Kernkompetenzen und kann damit zukünftig eine bessere Selbststeuerung vornehmen", schreiben die Autoren. Kernfragen sind in diesem Prozess: Wo sind wir bisher gescheitert? Wie gehen wir mit Scheitern um? Was passiert, wenn ein Projekt scheitert?

Ein anderer Ansatz, der allerdings etwas Courage braucht, ist es, als Führungskraft seine Mitstreiter zu einem Kaminabend einzuladen und selbst von eigenen – privaten wie geschäftlichen – Erlebnissen des Scheiterns zu berichten. Und auszuführen, wie man damit umgegangen ist. Führungspersönlichkeiten, die dies gemacht haben, berichten ausnahmslos begeistert von diesen Abenden. Als Selbst-Erfahrung. Aber insbesondere als „anfassbares" Vorbild in die Organisation hinein. Dieses Format führt meist dazu, dass Teilnehmer des Abends wiederum selbst ihre Teams zu einem ähnlichen Format einladen.

Vier Grundregeln einer gesunden Fehlerkultur

Wer als Führungskraft ein Team schaffen will, das mit gesunder Ausdauer kämpft, muss die Voraussetzungen dafür schaffen. Der richtige Umgang mit Fehlern ist dabei der Schlüssel zum Erfolg. Vier Grundregeln sind wichtig:

1. **Transparenz:** „Erfolgreiche Führungskräfte beziehungsweise erfolgreiche Unternehmen haben erkannt, dass nicht das Machen von Fehlern ein Hauptproblem darstellt, sondern das Vertuschen von Fehlern", betont der Schweizer Militärpädagoge Rudolf Steiger. Insbesondere von Führungskräften aus sicherheitsrelevanten Umfeldern wird häufig eingewandt, dass man sich dort schlicht keine Fehler leisten könne und deshalb eine Politik der „Null-Fehler-Toleranz" fahre. Die Geschichte der zivilen Luftfahrt zeigt, wie fatal eine solche Strategie ist. Dort wurden über Jahrzehnte „near accidents" aus Angst vor negativen Sanktionen unter den Tisch gekehrt und die wirklichen Hintergründe von Flugunfällen verschleiert und vertuscht. Furchtbare Unglücke, die vermeidbar gewesen wären, haben dann zu der Einsicht geführt, dass Pilotenfehler in einem nicht punitiven Reporting-System gemeldet werden müssen und nach jedem Flug eine „after action review" zu erfolgen hat. Aus der Gesamtheit dieser „reviews" können dann Rückschlüsse auf Risiken und Gefahren gezogen werden. Deshalb haben die meisten Fluglinien inzwischen neben der eigentlich hierarchischen Struktur zwischen Vorgesetztem und Untergebenem auch eine zweite parallele

Struktur aufgebaut, in der Piloten ohne Auswirkung auf ihr Fortkommen besondere Vorkommnisse melden können. Gerade Unternehmen in sicherheitsrelevanten Bereichen wie Energieversorger, Logistik, Medizin sollten darüber nachdenken, so ein entsprechendes non-punitives Feedback-System einzuführen. Die Logik dahinter erkannte schon Tucholsky: „Dumme und Gescheite unterscheiden sich nur dadurch, dass der Dumme immer wieder dieselben Fehler macht und der Gescheite immer neue."

2. **Verantwortung**: Der bekannte Managementtrainer Reinhard Sprenger schreibt in seinem Buch „Das Prinzip Selbstverantwortung" unter dem Motto „Umwege erhöhen die Ortskenntnis": „Verantwortung ist ein scheues Reh. Wenn jemand zur Verantwortung gezogen wird, falls er einen Fehler gemacht hat, wird er alles tun, um Verantwortung zu vermeiden. Die beste Fehler-Vermeidungsstrategie ist die Vermeidung von Verantwortung." Vermeiden Sie eine Institution, die die „organisierte Verantwortungslosigkeit" zum Ordnungs- und Managementprinzip macht. Meist kommt im Falle von Misserfolgen auf der Führungsebene die Frage auf: „Wer ist eigentlich schuld?" Mit diesem Reflex wird schon in kürzester Zeit jede Lust zur Verantwortungsübernahme getötet. Der Vorstandsvorsitzende der Deutsche Post DHL, Frank Appel, hält die Schuldfrage für irreführend: „Wenn Sie null Fehler machen, entscheiden Sie nichts. Wichtig ist, dass Sie Fehler schnell korrigieren. Deswegen ist Vergebung so wichtig. Als Manager müssen Sie lernen, Fehler vergeben zu können – auch sich selbst. Es gibt eine Menge Manager, die begründen permanent, warum die Fehlentscheidung eigentlich keine Fehlentscheidung war. Viel wichtiger als die Frage, wer ist schuld, ist doch die Frage: Wie lernen wir daraus?"

3. **Zutrauen**: „Nicht aus Angst vor möglichem Scheitern die Vision verkleinern!" Dazu drängen die „Scheiterns-Experten" Burmeister und Steinhilper. Denn in Institutionen ist es ein häufig zu beobachtendes Phänomen, dass die Führungsspitze aus Angst vor der eigenen Traute plötzlich anfängt, die ursprünglichen Ziele zu verkleinern; die Latte so weit nach unten legt, dass man auf jeden Fall darüber kommt, man sich auf jeden Fall die Peinlichkeit des Versagens erspart. Damit wird die Vermeidung von Peinlichkeit, und

damit letztlich Eitelkeit, zum Steuerungsfaktor des Unternehmens. Das Gegenteil ist richtig, oder wie Tom Peters schreibt: „Belohnen Sie fulminante Fehlschläge. Bestrafen Sie mittelmäßige Erfolge."

4. **Erleben**: Das süßeste Gift für Menschen und Institutionen ist lang anhaltender Erfolg. Im Englischen gibt es den Satz: „nothing fails more than success". Sattheit und Selbstzufriedenheit führen zu Faulheit, Stumpfheit und Überheblichkeit; der wache Blick für die stets feindliche Umwelt geht verloren. Irgendwann wird das Unternehmen zur Beute von denen, die schneller und aggressiver auf dem Markt unterwegs sind. Führungskräfte müssen Sorge tragen, dass auch in Zeiten des ungeheuren Wohllebens in ihrer Organisation stets „Kampfzonen" eingerichtet sind, die die Mitarbeiter wach und hungrig halten. Wenn im Kerngeschäft alles rund läuft, dann kaufen Sie sich einen Sanierungsfall zu. Selbst wenn die Sanierung fehlschlägt, wird sich das Projekt als „Ausbildungslager" für die nächste Unternehmenskrise in jedem Fall bezahlt machen. So wie eine Armee Leute mit Einsatzerfahrung braucht, muss es in jedem Unternehmen Menschen geben, die kämpfen können und wollen – die bestimmte Fehler schon gemacht haben und daran gewachsen sind.

Agenda 2020: Welches Management nun funktioniert. Und warum.

„Krise ist ein produktiver Zustand. Man muß ihr nur den Beigeschmack der Katastrophe nehmen."
(Max Frisch)

Mit der Corona-Krise ist über uns ein Zustand radikaler Ungewissheit hereingebrochen. Und erstmals wurden davon wirklich *alle* erfasst – und zwar weltweit. Die vorangegangen Krisen, ob 9/11 oder die Finanzkrise 2008/2009, haben uns tangiert, aber nicht so sehr aus unserem bisherigen Leben katapultiert wie dieses Virus. Diesmal ist alles anders. „Eines kann man sagen: So viel Wissen über unser Nichtwissen und über den Zwang, unter Unsicherheit zu handeln und leben zu müssen, gab es noch nie", beschreibt der Philosoph Jürgen Habermas die Lage.

Fast nichts ist mehr planbar. Aber sehr viel ist gestaltbar. „Business as usual" ist passé, „unusual business" ist an der Tagesordnung. Der Hemdenhersteller Van Laack näht plötzlich Mundschutz, Jägermeister liefert Alkohol für Desinfektionsmittel, der Heizungsbauer Viessmann fertig Beatmungsgeräte, Panzergrenadiere helfen in Altenheimen aus und Fernsehköchin Cornelia Poletto beliefert höchstpersönlich Obdachlose mit einem warmen Essen. Die Krise entfesselt eine Agilität und Kreativität, die wir uns selbst und unseren Unternehmen gar nicht (mehr) zugetraut haben.

Das ist die eine Seite der Medaille. Gleichzeitig vollziehen sich aber seit Anfang 2020 tektonische Verschiebungen, deren Ausmaß wir nur ahnen können. Wie sich diese neue Welt zurechtruckeln wird, werden wir erst mit einigem Abstand erkennen können. Was aber schon jetzt klar ist: dass es unsere wirtschaftliche Stabilität im bisher gewohnten Umfang erst einmal nicht mehr geben wird. Und dass – ohnehin schon angelaufene – Transformationsprozesse, wie die Digitalisierung und Ökologisierung der Wirtschaft, noch tiefgreifender wirken werden als bisher erwartet. Beides, Rezession und Transformation, wird zu einer erbarmungslosen Auslese in der Unternehmenswelt führen. Zudem, und obwohl die ökonomische Doktrin dies nicht vorsieht, werden sich die Präferenzen der Menschen drastisch verändern. Seit der Corona-Krise blicken die Konsumenten anders, teils selektiver, teils kritischer, auf gewisse Dienstleistungen und Produkte. Selektiver auf Gastronomie, Hotellerie, Fluglinien, Lieferdienste oder Online-Handel. Kritischer und vielleicht sorgenvoller auf Versicherungen, Vermögensanlagen, Bildung und Gesundheitsversorgung.

Unternehmen, die in diesem hochdynamischen und ungewissen Umfeld nicht nur bestehen, sondern erfolgreich sein wollen, brauchen Führungskräfte mit Ungewissheitskompetenz.

Der erste und wichtigste Schritt in Richtung Ungewissheitskompetenz ist ein einfaches, aber verdammt schweres Eingeständnis: Wir *alle* sind Unwissende.

Keiner weiß, wie es geht und künftig gehen wird. Selbst die Wortführer in der Corona-Krise, die Zunft der Virologen, mussten eingestehen: Wir wissen wenig bis nichts. Gleichwohl mussten auf Basis des Wenigen viele weitreichende Entscheidungen getroffen werden. Vor exakt der gleichen Herausforderung stehen nun Führungskräfte in der Wirtschaft.

„Unlearning yesterday" lautete der Rat, den Organisationspsychologen bereits in den 70er-Jahren gaben. In Zeiten radikaler Ungewissheit ist der Blick zurück gefährlich. Im Jahr 2020 hat die Zukunft ganz unvermittelt und brachial die Richtung geändert. Ob es nun rückwärts läuft – ich glaube nicht. Aber sicher nicht mehr stramm westwärts. Wer in den bisherigen Bahnen verharrt, rast ins Nirgendwo. Wir müssen uns in Politik, Wirtschaft und Gesellschaft nun Schritt für Schritt in diese neue Zukunft vorantasten: aufmerksam, flexibel und furchtlos. Manager müssen ihr Denken und Handeln neu justieren. Jede Führungskraft sollte für sich und das eigene Team eine „Agenda 2020" festlegen. Sieben Punkte scheinen mir hierfür zentral zu sein:

1. Weitblick statt Tunnelblick: Gerade jetzt ist die Versuchung groß, sich als Manager unmittelbar auf das kurzfristige „Problem Fixing", also drastische Kostenreduzierung, zu stürzen. Gewiss, das ist wichtig. Und hier können Erfahrungen aus der letzten Krise tatsächlich nützlich sein. Ein bewährter Ansatz ist, den „Break Even"-Punkt tiefer zu legen. Häufig bricht Firmen schon der Gewinn weg, wenn nur wenige Prozentpunkte im Umsatz fehlen. Da mangelt es an Resilienz. In der Krise kann der Vorstand eine klare, ehrgeizige Vorgabe machen und verlangen, dass der „Break Even" künftig bereits bei 85 Prozent erreicht wird. Man diskutiert dann nicht, *ob* dieser Wert erreicht werden kann, sondern *wie*. Viel wichtiger ist aber ein Blick auf die langfristigen Perspektiven. Um nochmals die Analogie aus der Luftfahrt aufzugreifen: Es sind viele Flugzeuge abgestürzt, weil der Pilot sich

auf das Lösen eines Detailproblems fixierte und dabei vergaß, den Höhenmesser oder die Tankanzeige im Auge zu behalten. Zwingen Sie also sich selbst und Ihr Team, über die akute Krise hinauszuschauen. Nutzen Sie dafür die 4x10-Methode und fragen: Welche Auswirkung hat unsere Entscheidung in 10 Minuten, in 10 Wochen, in 10 Monaten und in 10 Jahren. Etablieren Sie, völlig voneinander getrennt, drei bis vier Teams, die jeweils für einen Zeitraum zuständig sind. Und setzen Sie in das Team, das sich mit der Zukunft in zehn Jahren beschäftigt, vor allem junge Leute.

2. Agilität statt Abulie: Vor der Corona-Pandemie litten viele Unternehmen an Abulie, einer krankhaften Willenlosigkeit, Unentschlossenheit. Aus Angst vor Fehlern wurde lieber gar nichts beschlossen, oder die Entscheidungen wurden in die Länge gezogen. In der Krise hat sich gezeigt, dass selbst Fragen von größter Tragweite in maximal zwei Wochen ordentlich vorbereitet und entschieden werden können. Nutzen Sie jetzt das Momentum und zwingen Sie Ihre Organisation, schneller zu Entscheidungen zu kommen. Zur Auswahl stehen drei Deadlines: 24 Stunden, 3 Tage, 14 Tage. Und befähigen Sie Ihre Führungskräfte schnell zu entscheiden, indem sie Instrumente wie Redteaming oder Wargaming nutzen, um regelmäßig Entscheidungen unter Zeitdruck und in komplexen Situationen zu üben. Keine Führungskraft wird nach den Erfahrungen des Jahres 2020 mehr ernstlich bezweifeln wollen, dass das sinnvoll investierte Zeit ist.

3. Vision statt Illusion: Menschen können harte Zeiten, Phasen der Entbehrung, den Marsch durch die Wüste durchaus ertragen, wenn sich irgendwo am Horizont das gelobte Land abzeichnet. Dieser alttestamentari-

sche Mose-Effekt wirkt auch heute noch. Aber die Vision, der man folgt, muss stark genug sein. Natürlich ist in Zeiten radikaler Ungewissheit vieles Glaube, Liebe, Hoffnung. Aber genau hier muss Führung ansetzen. „Hoffnung ist nicht die Überzeugung, dass etwas gut ausgeht, sondern die Gewissheit, dass etwas Sinn macht, egal wie es ausgeht", dieser Satz von Václav Havel weist den Weg. Schon vor der Krise gab es in der Unternehmenswelt die Diskussion über den „Purpose". Nach Corona wird die Sinnfrage noch zentraler werden: Wo und wie kann ich dazu beitragen, diese Welt voranzubringen? Dass sich so viele Menschen in den ersten Wochen der Pandemie freiwillig gemeldet haben, um in Krankenhäusern, beim Einkauf, in der Logistik, auf den Feldern oder in der Nachbarschaft zu helfen, zeigt, wie ungestüm und groß die Bereitschaft ist, sich für etwas Sinnvolles zu engagieren. Lesenswert ist in diesem Zusammenhang ein unter dem Titel „It's time to build" veröffentlichter Appell des Internetinvestors Marc Andreessen. „If the work you're doing isn't either leading to something being built or taking care of people directly, we've failed you, and we need to get you into a position, an occupation, a career where you can contribute to building." Nutzen Sie den Moment, um Stabsabteilungen stillzulegen und ihr Hauptquartier radikal einzudampfen. Und beobachten Sie, auf welche (wesentlichen) Aufgaben sich deren Arbeit plötzlich reduziert. Stäbe und Headquarters sind Nebelmaschinen. Sie produzieren Scheingewissheiten, suggerieren Planbarkeit und lähmen Unternehmen durch Bürokratie. Setzen Sie doch mal – zunächst für ein paar Monate – einen Großteil ihrer formalen Antrags- und Genehmigungsmechanismen außer Kraft und schauen, was passiert. Meine Prognose: Die guten Führungskräfte machen einfach weiter und kaum einer von ihnen wird um Erlaubnis fragen. Die Besitzstandswahrer und Risikovermeider in Ihrer Truppe werden Sie aber ständig in der Leitung haben. Auf diese können Sie getrost verzichten. In den nächsten Jahren brauchen Sie Zupacker, keine Zauderer.

4. Wirken statt Scheinen: Ein Gesundheitsminister, der sich auf dem Höhepunkt der Corona-Pandemie in einen voll besetzten Aufzug drängelt, braucht anschließend nicht mehr über die Bedeutung von Abstandsregeln zu reden. Dieses Beispiel habe ich erwähnt. Wer in Zeiten der Ungewissheit führen will, muss Vorbild sein. Und zwar 365 Tage, 24 Stunden. Ihre Mitarbeiter messen Sie in erster Linie daran, was Sie tun, nicht daran, was Sie sagen. Führung in Zeiten der Ungewissheit fordert vollen Körpereinsatz. Mit der Art, wie Sie kommunizieren, können Sie Ihre Botschaften verstärken – oder vernichten. Sich also adäquat auf eine wichtige Online-Konferenz vorzubereiten, die Video-Botschaft professionell zu produzieren oder die Auftritte in der Online-Hauptversammlung sorgfältig zu choreographieren, das hat nichts mit persönlicher Eitelkeit zu tun, sondern das ist Handwerk. „Proper preparation prevents poor performance" – der Satz des ehemaligen US-Außenministers James Baker gilt in der analogen wie in der digitalen Welt. Und vergessen Sie die analoge Welt bitte nicht. Bei allem Lobpreis für das „Homeoffice": Eine Führungskraft muss vor Ort sein. Natürlich muss man die physischen Abstandsregeln peinlich genau beachten, aber das darf nicht dazu führen, dass der emotionale Abstand zu Ihren Leuten wächst – vor allem zu den Mitarbeitern in

der Produktion, am Band, in den Filialen, im Außendienst. Planen Sie 50 Prozent Ihrer Zeit für persönliche Gespräche ein. So viel Luft in Chef-Kalendern gab es noch nie – nutzen Sie die geschenkte Zeit für den intensiven Austausch mit Ihrer Mannschaft. Und hören Sie den Leuten zu. Jeder macht sich im Moment Gedanken, wie es weitergehen kann. Das sind enorm wertvolle Informationen, wenn es darum geht, Ihre Firma neu auszurichten.

5. Künstliche Intelligenz statt menschlicher Dummheit: Der größte Feind des Lernens ist bekanntlich das Wissen. Führungskräfte definieren sich als Wissensträger – nicht als Lernende. Und genau da liegt das Problem. Nach 2020 müssen wir vieles neu lernen. Grundvoraussetzung dafür ist, dass wir wirklich zuhören und hinschauen. Hören und Sehen sind Fertigkeiten, die Führungskräften nicht selten abgehen – insbesondere nach vielen Jahren des Erfolgs. Sätze wie „das halte ich für absolut ausgeschlossen" oder „davon können wir sicher ausgehen" gehörten bisher zum Standardrepertoire von Managern. Ich gehe davon aus, dass derlei bornierte Redewendungen nun akut vom Aussterben bedroht sind. Zum Glück. Denn nichts ist ausgeschlossen und nichts ist sicher in diesen Zeiten. Wir tasten uns gerade schrittweise in diese unbekannte neue Welt vor. Für die Pirsch in den Nebel der Ungewissheit braucht es ein sehr gutes Gehör – und man muss Fährten lesen können. Diese Fährten sind heute digital. „Data Literacy" halte ich, das habe ich bereits ausgeführt, für eine Kernfähigkeit, die sich Führungskräfte aneignen müssen. Die Corona-Krise führt uns allen vor Augen, wie schlecht wir da aufgestellt sind. Weitreichende politische Entscheidungen

beruhen auf Daten, die teils veraltet, teils irrelevant, teils falsch sind. Und deren Interpretation durch Virologen und Politiker liefert mehr Erhellendes über die Motive der Interpreten als Erkenntnisse über die Entwicklung der Pandemie. Bei digitalen Daten liegt die Schönheit eben nicht im Auge des Betrachters. Sie sagen, was ist, aber nicht warum. Insbesondere Führungskräfte müssen lernen, Daten erst einmal so zu akzeptieren, wie sie sind, selbst wenn sie langjähriger Erfahrung und der festen Überzeugung des „Wissensträgers" zuwiderlaufen.

6. „Just in case" statt „just in time": Wir haben gesehen, dass Organisationen, denen es gelingt, einen Zustand kollektiver Achtsamkeit zu erzeugen, Krisen früher erkennen und besser abwettern können als Unternehmen, denen diese Resilienz fehlt. Einer der wesentlichen Faktoren dieser Resilienz ist das Vorhalten von Reserven. Einfacher ausgedrückt: Das Geschäftsmodell dieser Firmen ist nicht auf Kante genäht. Eine wichtige Lehre aus 2020 ist, dass man sich als Führungskraft intensiv mit dem Thema Durchhaltefähigkeit beschäftigen muss. Der erste Blick geht da natürlich auf die Eigenkapitalausstattung. An ihr haben sich in den letzten Jahrzehnten viele Unternehmensführer versündigt. Das enorm günstige Fremdkapital drängte vergleichsweise teures Eigenkapital zurück – selbst in Familienunternehmen, die traditionell ihre Unabhängigkeit durch hohe Eigenkapitalanteile absichern wollen. Aber auch hier wuchs eine jüngere Generation von Gesellschaftern heran, die es reizvoller fand, die Ausschüttung auf dem persönlichen Konto zu haben als im Unternehmen gebunden. Das rächt sich jetzt. Nach 2020 gilt es, die Gewinne erst einmal

im Unternehmen zu halten. Zudem braucht es einen kritischen Blick auf die Struktur der Lieferketten. Es zeigt sich, dass Unternehmen, die ihre Ressourcen dort beziehen, wo sie auch produzieren, aktuell deutlich besser dran sind als Firmen, die selbst das kleinste Bauteil aus fernen Landen beziehen. Die weltweite Arbeitsteilung wird auch nach 2020 nicht verschwinden. Aber Führungskräfte werden zu entscheiden haben, ob die Einsparung von ein paar Cent die „Just in time"-Belieferung aus Fernost tatsächlich rechtfertigt. Oder ob es nicht vernünftiger ist, „Just in case" eine sichere Lieferkette und entsprechende Reserven aufzubauen.

7. „Great team" statt „Great man": In Zeiten der Ungewissheit herrschen ideale Brutbedingungen für das Heranwachsen „großer" Führer. Die Menschen sind verängstigt und sehnen sich nach einem, der weiß und sagt, wo es langgeht. Es entsteht eine neurotische Allianz zwischen „Great leader" und „Weak follower". Diese Gefahr besteht auch in den Unternehmen. Die Situation ist belastend und die Belegschaft fürchtet sich vor dem, was (noch) kommt. In manchen Industrien, die bereits unter gehörigem Transformationsdruck stehen, war schon in den letzten Jahren eine Entwicklung hin zu mehr „tough leaders" zu sehen. Auf dem Höhepunkt der Corona-Krise im März 2020 veröffentliche das Handelsblatt unter der Überschrift „Wahre Führung in schweren Zeiten" ein flammendes Plädoyer gegen „dominante und hierarchischen Chefs". Eines ist sicher: Wer heute als Führungskraft vorgibt, genau zu wissen, wohin die Reise geht, ist sicher eine Fehlbesetzung – egal wie intelligent, erfahren oder knallhart er oder sie ist. Einzelkämpfer werden

sich im Nebel der Ungewissheit verirren. Die wichtigste Aufgabe einer Führungskraft ist es nun, ein starkes Team um sich zu versammeln. Leute, die selbständig denken. Leute, die klar ihre Meinung sagen. Leute, die vollen Einsatz zeigen – auch wenn man ihnen Boni wegnimmt und das Gehalt kürzt. „Leaders will be those who empower others", bringt Microsoft-Gründer Bill Gates die Anforderung an eine Führungskraft im Jahr 2020 auf den Punkt.

Die Corona-Pandemie hat uns unvermittelt aus einer Welt des Risikos in eine Welt der Ungewissheit katapultiert. Das Jahr 2020 markiert den Anfang einer Weltwirtschaftskrise, deren Ausmaß, Wucht und Dauer nicht absehbar ist. Unternehmen und deren Führungskräfte müssen in diesem Umfeld radikaler Ungewissheit operieren (lernen). Es wird Verlierer geben. Aber – wie immer in Zeiten fundamentaler Veränderung – es wird auch Gewinner geben. Wahrscheinlich stehen in einem Jahrzehnt ganz andere Unternehmen an der Weltspitze als heute. Denn, so bemerkte vor ziemlich genau 200 Jahren der Bankier Nathan Rothschild: „Great fortunes are made when cannonballs fall in the harbour, not when violins play in the ballroom."

Personen- und Institutionenregister

Personenregister

Institutionenregister